浙江省重点建设教材（ZJB2009247）
高等院校生物类专业系列教材

U0179609

分子生物学

EXPERIMENTS IN MOLECULAR BIOLOGY

实验（第二版）

主　编　李钧敏

副主编　倪　坚　刘光富　金　波

ZHEJIANG UNIVERSITY PRESS
浙江大学出版社

内容简介

本书主要介绍分子生物学的基本操作技术与实验手段,主要包括植物、动物、微生物基因组 DNA 的提取与鉴定,哺乳动物组织总 RNA 的提取与鉴定,质粒 DNA 的提取与鉴定,PCR 扩增,分子杂交技术,限制性内切酶消化,分子克隆全过程,基因文库的构建等实验项目的原理及步骤。

本书基于互联网技术,通过二维码将视频教学资源库与纸质教材结合起来,形成新形态立体化教材,是一本既具有一定的理论体系,又具有通用性和指导性的教学用书。本书主要面向高等院校,特别是应用型本科院校生物科学、生物工程等相关专业的学生及分子生物学初级研究者。

图书在版编目(CIP)数据

分子生物学实验 / 李钧敏主编. —2 版. —杭州:
浙江大学出版社,2021.4(2025.1 重印)
ISBN 978-7-308-21255-7

Ⅰ.①分… Ⅱ.①李… Ⅲ.①分子生物学—实验
Ⅳ.①Q7-33

中国版本图书馆 CIP 数据核字(2021)第 063300 号

分子生物学实验

李钧敏 主编

丛书策划	黄娟琴
责任编辑	季 峥(really@zju.edu.com)
责任校对	阮海潮
封面设计	林智广告
出版发行	浙江大学出版社
	(杭州市天目山路 148 号 邮政编码 310007)
	(网址:http://www.zjupress.com)
排 版	杭州青翙图文设计有限公司
印 刷	嘉兴华源印刷厂
开 本	787mm×1092mm 1/16
印 张	9.25
字 数	243 千
版 印 次	2021 年 4 月第 2 版 2025 年 1 月第 2 次印刷
书 号	ISBN 978-7-308-21255-7
定 价	36.80 元

前　　言

　　分子生物学为新兴学科。近年来,随着分子生物学学科的建立及其对生物学其他学科的渗透,分子生物学实验技能与方法越来越重要。高等学校生命科学各专业的学生要适应时代的发展,除了需要学习分子生物学理论和分子生物学技术的基本知识以外,还必须系统地掌握分子生物学实验的技能及操作方法。分子生物学实验课程除可作为生物科学及生物工程类各专业学生的实验必修课开设外,还可作为大实验开设,以达到增强学生综合素质和创新思维的目的。本书由台州学院、绍兴文理学院、中国计量大学、浙江中医药大学等多所高校的老师联合编写,将各高校的分子生物学实验的教学内容进行有机整合。本书是一本既具有一定的理论体系,又具有通用性和指导性的教学用书。本书主要面向高等院校,特别是应用型本科院校生物科学、生物工程等相关专业的学生及分子生物学初级研究者。

　　本书内容涉及植物、动物、微生物基因组 DNA 的提取与鉴定,哺乳动物组织总 RNA 的提取,质粒 DNA 的提取与鉴定,PCR 扩增,分子杂交技术,限制性内切酶消化,分子克隆全过程和基因文库的构建等实验技术与手段。本书各章所采用的实验内容均为各校经常开设的实验项目,课程内容具有普及性,并适于推广。本书从基础性、综合性、设计与创新性三个不同层次进行设计编写。基础性实验部分主要包括植物、动物、微生物基因组 DNA 和 RNA 的提取与鉴定,质粒 DNA 的提取与鉴定,PCR 扩增,分子杂交技术,限制性内切酶消化等,有助于巩固核酸分子的基本理论和操作;综合性实验部分特别设计了分子克隆全过程和基因文库的构建等分子生物学技术实验,强调综合操作技术和综合实验技能的培养;设计与创新性实验则强调对各项分子生物学实验技术的灵活应用。

　　本书各章既包括相关背景的介绍,又包括"实验目的""实验原理""实验材料、试剂与仪器""实验步骤"。各章内容具有综合性、连贯性,每一章均可作为学生的一个独立实验开设。在编写过程中,我们将多年积累并改进的实验方法及科研成果融入实验教学,如第 3 章的实验 4,第 5 章的实验 8、实验 10,第 6 章的实验 11,第 8 章的实验 17、实验 18 等相关方法均发表在国内外核心期刊上,使整套实验方案可行性高,可操作性强,实验成功率高,实验效果明显。同时,以二维码为载体,嵌入实验讲解视频和音频、实验示范视频、实验操作难点的手部放大操作视频,这不仅有助于解决实验难点,提高教学质量,达到培养学生动手能力与创新思维的目的,而且可供分子生物学的初级研究者使用。此外,本书各章中均包含

"实验注意事项"及"典型实验结果分析",使学生了解实验的关键点与注意点,同时可通过图片直观地了解可能出现的实验结果、存在问题及解决办法,有助于达到综合训练的目的。各章还以"实验讨论"的形式让学生对实验原理或实验操作中的关键点再做深一层的了解,以加深理解与学习。

本书共分为15章,其中第1章由李钧敏(台州学院生命科学学院)和杜照奎(台州学院生命科学学院)编写;第2章由杜照奎编写;第3章李钧敏和金波(浙江中医药大学生命科学学院)编写;第4章由金波和丁志山(浙江中医药大学生命科学学院)编写;第5章由李钧敏和倪坚(绍兴文理学院生命科学学院)编写;第6章由倪坚编写;第7章由金波编写;第8章由刘光富(中国计量大学生命科学学院)、蒋明(台州学院生命科学学院)和金波编写;第9章由陈铌铍(浙江中医药大学生命科学学院)编写;第10章由杨受保(绍兴文理学院生命科学学院)编写;第11章由倪坚编写;第12章由杨受保编写;第13章、第14章由刘光富和林婉冰(浙江省中医院)编写;第15章由蒋明编写;全书最后由李钧敏统稿。本书还嵌入了台州学院与浙江中医药大学的课堂讲解视频,便于教学时参考使用。

在编写过程中,我们力求将理论与实践结合,重点突出实验的指导性,希望能为使用者提供一本实用性较强的分子生物学实验教材。但由于编者水平有限,本书涉及内容广泛,书中难免还有遗漏与不妥之处,欢迎读者提出宝贵意见。

李钧敏

2020 年 12 月

目　　录

第 1 章

分子生物学实验室规范及注意事项

1.1 分子生物学实验室常用仪器设备

1.1.1 测量设备

固体的测量设备 各种量程、精度的电子天平等,用于称取一定质量的固体药品。实验室常用的电子天平是由德国的赛多利斯(Sartorius)、瑞士的梅特勒-托利多(Mettler-Toledo)等公司生产的。

液体的测量设备 量筒、移液管、微量移液器等,用于量取一定体积的液体试剂。实验室常用的微量移液器是由德国的艾本德(Eppendorf)、美国的热电(Thermo)、法国的吉尔森(Gilson)等公司生产的。

pH 值的测量设备 pH 计,直接测量溶液的 pH 值。实验室常用的 pH 计有梅特勒-托利多 Delta320 等。

吸光度的测量设备 分光光度计,通过 OD 值反映核酸、菌液等的浓度。实验室常用的分光光度计有美国安玛西亚(Amersham)的 Ultraspec 3300pro、日本岛津(Shimadzu)的 UV-1800 和国产的普析通用 T6 新世纪等。

1.1.2 灭菌消毒及净化设备

高压蒸汽灭菌器 常用于对玻璃器皿、培养基、试剂等在使用前的灭菌和一些有潜在危险的细菌、病毒等在丢弃前的灭菌。实验室常用的高压蒸汽灭菌器有日本的 TOMY S325、Hirayama HV-25 等。

干热灭菌烘箱 用于金属器械、瓷器和玻璃器皿(如剪刀、镊子、研钵、试管、三角瓶和培养皿等)的干热灭菌,温度可达 160 ℃,不适合橡胶、塑料及大部分药品的灭菌。

除菌过滤器 用于不耐高温、高压的试剂灭菌(如抗生素、维生素或血清等)。常用滤膜孔径为 0.22 μm 或 0.45 μm。

紫外灯 用于无菌室和超净台等空气灭菌。

超净工作台 其原理是由鼓风机驱动空气,经过低、中效的过滤器后,通过工作台面,使实验操作区域成为无菌的环境。实验室常用的超净工作台有苏州净化工作台 SW-CJ-2F 等。

高压蒸汽　　　　　干热灭菌　　　　　超净工作台
灭菌器　　　　　　烘箱

1.1.3　温控及干燥设备

冰箱 用于试剂、酶、抗生素和菌种等的保藏。最常使用的有 4 ℃、−20 ℃、−80 ℃ 冰箱。德国的西门子,日本的松下,我国的海尔、美的等厂家生产的冰箱均可满足实验室的需要。−80 ℃冰箱以日本三洋生产的最为常用。

冷柜 0～10 ℃ 的冷柜适合用于低温条件下的电泳、层析、透析等实验。常用的有星星、白雪等品牌的产品。

液氮罐 用于长期储存细胞、病毒或某些微生物,或为实验提供液氮。

生化培养箱 37 ℃恒温培养箱用于细菌的平板培养和细胞培养等。实验室常用的培养箱有三洋 MIR-262 等,国产的以江苏、上海厂家生产的居多。

恒温摇床 37 ℃恒温摇床可进行液体细菌的培养等。

水浴锅 用于分子杂交和各种生物化学酶反应等实验的保温,质粒与基因片段的连接等实验和 42 ℃的大肠杆菌感受态的热激等。

烘箱 用于烘干玻璃器皿、塑料制品等。常用的温度为 60～80 ℃。

冰箱与冷柜　　　　液氮罐　　　　生化培养箱　　　　水浴锅

1.1.4　电泳及检测设备

电泳设备 由电泳仪和电泳槽 2 部分组成。电泳仪通过稳压器将交流电转换成直流电,输出稳定的电压。电泳槽装置可分为水平电泳槽和垂直电泳槽。水平电泳槽通常用于核酸的电泳;垂直电泳槽通常用于蛋白质的电泳。实验室常用的水平电泳槽有北京六一的 DYCP-31DN 等;常用的垂直电泳槽有美国伯乐(BIO-RAD)的 Mini-Protean 3 等。

电泳设备

凝胶成像分析系统 用于电泳后含溴化乙锭的核酸样品的观察分析。常用的凝胶成像分析系统有美国伯乐的 Gel-Doc 2000 等。

凝胶成像
分析系统

1.1.5　其他设备

超纯水仪　利用反渗透技术和离子交换技术等,除去自来水中的颗粒和其他杂质,生产超纯水,用于 PCR、DNA 测序、酶反应、组织和细胞培养等。实验室常用的超纯水设备主要有美国密理博公司的 Milli-Q 系列产品和美国颇尔公司的 Cascada 等。

离心机　根据各种物质在质量、沉降系数等方面的差异,利用强大的离心力场,用于细胞和生物大分子等的分离、纯化和浓缩。按转速的不同,其可分为普通离心机、高速离心机和超速离心机等几种类型。实验室常用的离心机有德国艾本德、美国贝克曼和日本久保田等公司的系列产品。

PCR 仪　也称热循环仪,使 1 对寡核苷酸引物结合到正负 DNA 链上的靶序列两侧,从而酶促合成数百万倍的 DNA 片段。实验室常用的 PCR 仪有美国伯乐公司的 PTC 100、美国应用生物系统公司的 9700 型等产品。

分子杂交炉　也叫分子杂交仪或分子杂交箱,主要用于 Southern、Northern 以及 Western 杂交反应。实验室常用美国 Shellab、Boekel 等公司的产品。

超声波破碎仪　用于破碎动植物组织和细胞、细菌及孢子等结构。实验室常用的有美国 Sonics 公司的产品。

超纯水仪　　　　　　离心机　　　　　　PCR 仪　　　　　超声波破碎仪

微波炉　便于一些溶液的快速加热和定温加热,以及电泳琼脂糖凝胶配制、熔化等。国产的格兰仕、美的等品牌的微波炉即可满足实验室需要。

制冰机　用于制造碎冰,为大多数核酸、蛋白质的实验操作提供低温环境,以减少核酸酶或蛋白质酶的水解。常用的有日本三洋的 SIM-F140 等。

磁力搅拌器　加速难溶试剂(如过硫酸铵、SDS 等)的溶解。

通风柜　用于易挥发或有毒的物质(如甲苯、二甲苯、氯仿、酚等)的操作。

生物安全柜　能防止实验操作处理过程中某些含有危险性或未知性生物微粒发生气溶胶散逸的箱形空气净化负压装置。

磁力搅拌器　　　　　通风柜　　　　　　生物安全柜

1.2　分子生物学实验室操作规范

1.2.1　橡胶和塑料制品的清洗

新购的橡胶或塑料制品用自来水冲洗干净后晾干,放入 2%氢氧化钠溶液中浸泡过夜(或煮沸 30 min),再用自来水冲洗干净,晾干,放入 4%盐酸中浸泡 30 min,用双蒸水冲洗 3 次,晾干,放入铝盒中高压、121 ℃灭菌 30 min,烘干备用。

1.2.2　玻璃仪器的清洗

新购玻璃仪器的表面附有碱性物质,先用洗洁精刷洗,再用自来水冲净,浸泡于 1%～2%盐酸中过夜,接着用自来水冲洗,最后用蒸馏水冲洗 3 次,干燥或灭菌后备用。

对于不同类型的使用过的玻璃仪器,有不同的清洗方法:

(1)普通玻璃仪器(如试管、烧杯、锥形瓶等),用自来水冲洗后,用洗洁精刷洗,再用自来水反复冲洗,最后用双蒸水洗涤 3 次,经高压蒸汽灭菌、干燥后备用。

(2)容量分析仪器(如移液管和容量瓶等),先用自来水冲洗,晾干,再用铬酸洗液浸泡过夜,用自来水冲洗,最后用双蒸水洗涤 3 次,干燥备用。

(3)比色杯(皿),绝不可用强碱清洗,因为强碱会侵蚀抛光的表面。应用 2%的去污剂浸泡,然后用自来水、蒸馏水冲洗,如效果不佳,可用棉花棒轻轻刷洗,切忌用试管刷或粗糙布(纸)擦拭,最后干燥备用。

1.2.3　溶液的混匀

溶液的混匀

混匀是保证物质间生物化学反应的必要条件,外力的机械作用可使物质达到混匀的目的。根据使用的器皿和液体的体积的不同,大致有下面几种混匀方法:

(1)搅拌混匀,即手持玻棒或利用电磁搅拌器对溶液进行搅拌。本方法适用于烧杯、烧瓶等内容物的混匀,如固体试剂 SDS 的溶解和混匀。

(2)颠倒混匀,即手持容器,来回颠倒数次。本法适用于有塞的容量瓶及有塞试管内容物的混匀。

(3)旋转混匀,即手持容器,使溶液离心旋转。本法适用于未盛满液体的小口器皿,如锥形瓶、试管等。

(4)吹吸混匀,即用移液器将溶液反复吹吸数次,使溶液混匀。本法适用于微量液体的混匀,比如 DNA 电泳样品与上样缓冲液的混匀等。

(5)指弹混匀,即左手持试管上部,用右手指轻轻弹动试管下部,使管内溶液做漩涡运动;或用右手持试管上端,在左手掌上击打,以混匀内容物。不管是哪种方式,混匀时需防止容器内液体溅出或被污染,严禁用手指直接堵塞试管口或锥形瓶口震荡。本法适用于试管内容物的混匀。

1.2.4　可调式移液器

1.可调式移液器的结构

可调式移液器的结构如图 1.1 所示。

图 1.1　可调移液器的结构
A:按钮(拇指钮);B:把手;C:手柄;D:按钮杆;E:卸尖器;F:显示窗;G:吸头

2.可调式移液器的操作规范

(1) 正确拿法。将移液器的把手朝外,四指并列放于把手下方,用拇指按住移液器按钮。

(2) 量程调节。将旋钮调到所需刻度处,量程统一为三位数。例如,1 mL 的移液器显示窗显示 100 即为最大量程;100 μL 的移液器显示 100 即为最大量程;20 μL 的移液器显示 200 即为最大量程(最后 1 位为小数点后的数值);2 μL 的移液器显示 200 即为最大量程(最后 2 位为小数点后的数值)。千万不可超出最大量程。不同规格的移液器有不同的量程和误差,如表 1.1 所示。

表 1.1　可调移液器的量程及误差

体积范围/μL	增量/μL	达到最大体积时的误差/μL
0.1~2	0.01	±0.03
0.5~10	0.1	±0.3
20~200	1	±2
100~1000	5	±10

正确的容量设定分为 2 个步骤:一是粗调,即通过按钮将容量值迅速调整至接近自己的预想值;二是细调,当容量值接近自己的预想值以后,应将移液器横置,水平放在自己的眼前,通过按钮上的调节轮慢慢地将容量值调至预想值,从而避免视觉误差所造成的影响。

(3) 安装吸头。将吸头放在吸头盒中,将移液器的前部插入吸头中,用力插两下,拿出即可使用。或是采用旋转安装法,具体的做法是,把白套筒顶端插入吸头(无论是散装吸头还是盒装吸头都一样),在轻轻用力下压的同时,把手中的移液器按逆时针方向旋转 180°。安装吸头时切记用力不能过猛,更不能采取剁吸头的方法来进行安装,因为那样做会对您手中的移液器造成不必要的损伤。

(4) 预洗吸头。我们在安装了新的吸头或增大了容量值以后,首先应该把需要转移的液体吸取、排放两三次,这样做是为了让吸头内壁形成一道同质液膜,确保移液工作的精准度,使整个移液过程具有极高的重现性。其次,在吸取有机溶剂或高挥发液体时,挥发性气体会在白套筒室内形成负压,从而产生漏液,这时就需要我们预洗4～6次,让白套筒室内的气体达到饱和,负压就会自动消失。

(5) 取液。用拇指将按钮往下按,至卡处部位停止下按(推动按钮内部的活塞分2段行程,第一档为吸液,第二档为放液,手感十分清楚),将吸头插入液面下。浸入的深度为:2 μL和10 μL移液器小于或等于1 mm,20 μL、100 μL和200 μL移液器小于或等于2 mm,1 mL移液器小于或等于3 mm,5 mL和10 mL移液器小于或等于4 mm。若浸入过深,液压会对吸液的精确度产生一定的影响。当然,具体的浸入深度还应根据盛放液体的容器大小灵活掌握。然后缓慢地放开拇指,平稳松开按钮,切记不能过快,至液体停止上升后,将吸头移离液面。

(6) 放液。放液时,将吸头置于离心管中或上方,或是紧贴容器壁,先将排放按钮按至第一停点,略做停顿以后(若已放完液体,则放液完成),若液体尚未放完,则可按至第二停点,这样做可以确保吸头内无残留液体。如果这样操作还有残留液体存在的话,您就应该考虑更换吸头了。

(7) 卸去吸头。卸掉的吸头一定不能和新吸头混放,以免产生交叉污染。

1.3　分子生物学实验注意事项

1.3.1 设备方面

1.可调式移液器使用注意事项

(1) 吸取液体时一定要缓慢平稳地松开拇指,绝不允许突然松开,以防溶液因吸入过快而冲入移液器内,腐蚀柱塞,造成漏气。

(2) 为获得较高的精度,吸头需预先吸取1次样品溶液,再正式移液,因为如吸取血清蛋白质溶液或有机溶剂时,吸头内壁会残留1层"液膜",造成排液量偏小而产生误差。

(3) 浓度和黏度大的液体,会产生误差,可由实验确定消除其误差的补偿量,补偿量可用调节按钮改变显示窗的读数来进行设定。

(4) 可用分析天平称量所取纯水的质量并进行计算的方法来校正移液器,1 mL蒸馏水20 ℃时质量为0.9982 g。

(5) 使用时避免倒转移液器,避免液体进入枪体内。使用完后,及时将吸头移除,将移液器挂在移液器架上,切不可平放。

(6) 不可使用对枪体有腐蚀性的液体(如氯仿、硫酸等)。

2.电子天平使用注意事项

(1) 天平应放置在牢固平稳的水泥台或木台上,室内要求清洁、干燥及有较恒定的温度,同时应避免光线直接照射到天平上。

（2）称量时应从侧门取放物质，读数时应关闭箱门，以免空气流动引起天平摆动。前门仅在检修或清除残留物质时使用。

（3）称量前对天平进行校准，调节水平，并应注意其称量范围，切记不可超出，否则将造成不可修复的损坏。

（4）天平箱内应放置吸潮剂（如硅胶）。当吸潮剂吸水变色，应立即高温烘烤或更换，以确保吸湿性能。

（5）挥发性、腐蚀性、强酸强碱类物质应盛于带盖称量瓶内称量，防止腐蚀天平。

3.pH 计使用注意事项

（1）防止仪器与潮湿气体接触。潮气的侵入会降低仪器的绝缘性，使其灵敏度、精确度、稳定性都降低。玻璃电极不要与强吸水溶剂接触太久，在强碱溶液中使用应尽快，用毕立即用水洗净。

（2）玻璃电极球泡很薄，容易破损，不能与硬物相碰。当玻璃膜沾上油污时，应先用四氯化碳或乙醚，再用酒精浸泡，最后用蒸馏水洗净。如测定含蛋白质的溶液的 pH 值时，电极表面被蛋白质污染，会导致读数不可靠、不稳定，出现误差，这时可将电极浸泡在 0.1 mol/L 稀盐酸中 4～6 min 来矫正。

（3）甘汞电极在使用时，注意电极内要充满氯化钾溶液，且无气泡，防止断路。应有少许氯化钾结晶存在，以使溶液保持饱和状态。如结晶过多，毛细孔堵塞，最好重新灌入新的饱和氯化钾溶液。

（4）电极清洗后只能用滤纸轻轻吸干，切勿用织物擦抹，这会使电极产生静电荷而导致读数错误。

4.分光光度计使用注意事项

（1）由于长途运输或室内搬运可能造成光源位置偏移，导致亮电流漂移增大。此时应对光源位置进行调整，直至达到有关技术指标为止。

（2）分光光度计的放置应避免阳光直射、强电场、腐蚀性气体等。仪器室应保持洁净干燥。仪器初次使用或使用较长时间（一般为 1 年）后，需检查波长准确度，以确保检测结果的可靠性。

（3）比色皿分为玻璃和石英两种，价格比较昂贵，请使用者小心爱护。不要用手触摸比色皿的光学表面。用完后立即用蒸馏水清洗干净，并用干净柔软的纱布将水迹擦去，以防止表面光洁度被破坏而影响比色皿的透光率。完全干燥后，放回盒中，以免因丢失而导致不能配套。

（4）仪器每次使用完毕，应盖好防尘罩，同时测量室内放置数袋硅胶（或其他干燥剂），以免反射镜受潮霉变，影响仪器使用。

（5）仪器长时间不用时，应定时通电预热，每周 1 次，每次 30 min，以保证仪器处于良好使用状态。

5.高压蒸汽灭菌器使用注意事项

（1）灭菌器内的蒸馏水应到达指定位置，如果水不足应立即补充。

（2）装培养基的试管或瓶子的棉塞上，应包油纸或牛皮纸，以防冷凝水入内。待灭菌的物品不宜放置过多，关闭盖子时一定要密闭关好。

(3) 灭菌完毕后,不可放气减压,否则瓶内液体会剧烈沸腾,冲掉瓶塞而外溢,甚至导致容器爆裂。须待灭菌器内压力降至与大气压相等后才可开盖。

6. 电泳仪使用注意事项

(1) 仪器必须有良好的接地端,以防漏电。电泳仪通电进入工作状态后,禁止人体接触电极、电泳物及其他可能带电部分,也不能到电泳槽内取放东西,如需要应先断电,以免触电。

(2) 仪器通电后,不要临时插入或拔出输出导线插头,以防发生短路现象。虽然仪器内部附设有保险丝,但短路现象仍有可能导致仪器损坏。

(3) 在总电流不超过仪器额定电流时,可以多槽关联使用,但要注意不能超载,否则容易影响仪器寿命。

(4) 某些特殊情况下需检查仪器电泳输入情况时,允许在稳压状态下空载开机;但在稳流状态下必须先接好负载再开机,否则电压表指针将大幅度跳动,容易造成不必要的人为机器损坏。

(5) 使用过程中发现异常现象(如较大噪音、放电或有异常气味),需立即切断电源,进行检修,以免发生意外事故。

7. 冷冻离心机使用注意事项

(1) 机体应始终处于水平位置,外接电源系统的电压要匹配,并要有良好的接地线。

(2) 开机前应检查转头是否安装牢固、机腔内有无异物掉入等。

(3) 样品应预先平衡,若使用离心筒离心,则离心筒与样品应同时平衡。

(4) 挥发性或腐蚀性液体离心时,应使用带盖的离心管,并确保液体不外漏,以免腐蚀机腔或造成事故。

(5) 使用完毕后,用洁净纱布擦干腔内水分,动作要轻,以免损坏机腔内温度感应器。

(6) 离心过程中若发现异常现象,应立即关闭电源,报请有关技术人员检修。

1.3.2　试剂方面

丙烯酰胺(acrylamide)　可通过皮肤吸收及呼吸道进入人体,具有神经毒性且有累积效应。搬运和使用中必须穿戴好防护用具(如防毒服、防毒口罩及防毒手套等)。

叠氮钠(sodium azide)　毒性非常大,阻断细胞色素电子运送系统,可因吸入、咽下或皮肤吸收而损害健康。含有叠氮钠的溶液要标记清楚。操作时要戴合适的手套和安全护目镜。

二甲基亚砜(DMSO)　对皮肤有极强的渗透性,存在严重的毒性作用,与蛋白质疏水基团发生作用,导致蛋白质变性。操作时戴手套,在通风橱中操作。

二硫苏糖醇(DTT)　很强的还原剂,散发难闻的气味,可因吸入、咽下或皮肤吸收而危害健康。当使用固体或高浓度储存液时,须戴手套和护目镜,在通风橱中操作。

二乙基焦碳酸酯(DEPC)　1 种潜在的致癌物质。使用时戴口罩,并避免接触皮肤,尽量在通风的条件下操作。

过硫酸铵(AP)　对黏膜、上呼吸道、眼睛和皮肤具有危害性,吸入可致命。操作时戴手套,在通风橱中进行,操作完后彻底洗手。

吉姆萨(Giemsa)　有毒染料,通过吸入、皮肤吸收、咽下可致命或引起眼睛失明。使用时要戴合适的手套和安全护目镜,在化学通风橱里操作,千万不要吸入其粉末。

甲醛(formaldehyde)　致癌剂,有很大的毒性并易挥发,很容易通过皮肤吸收,对眼睛、黏膜和上呼吸道有刺激和损伤作用。要避免吸入其挥发的气雾。操作时要戴手套和安全眼镜,始终在化学通风橱内进行。远离热、火花及明火保存。

焦碳酸二乙酯(DEPC)　1 种潜在的致癌物质。操作时应尽量在通风的条件下进行,并避免接触皮肤,使用时戴口罩。

氯仿(chloroform)　致癌剂,对皮肤、眼睛、黏膜和呼吸道有刺激作用,可损害肝和肾。操作时要戴手套和安全护目镜,并始终在化学通风橱里进行。

β-巯基乙醇(β-mercaptoethanol)　强还原剂,具有难闻的气味,吸入、咽下或皮肤吸收会危害健康。要在通风橱中操作,戴手套。

三氯乙酸(TCA)　有很强的腐蚀性。操作时要戴合适的手套和安全护目镜。

十二烷基硫酸钠(SDS)　可因吸入、咽下或皮肤吸收而损害健康。操作时要戴手套、口罩和安全护目镜,不要吸入其粉末。

四甲基二乙胺(TEMED)　具有强神经毒性。操作时要快速,防止误吸。应密封存放。

Triton X-100　可因吸入、咽下或皮肤吸收而使人受害,会引起严重的眼睛刺激和灼伤。操作时要戴手套和护目镜。

Trizol　含有毒物质苯酚,对眼睛有刺激性,腐蚀皮肤。使用过程中要戴手套。

溴化乙锭(ethidium bromide,EB)　强烈诱变剂,具有致癌性。使用时要带一次性手套,不要再随便触摸别的物品,注意操作规范。

乙酸(acetic acid)　因吸入或皮肤吸收而使人受到伤害。操作时要戴手套和护目镜,最好在化学通风橱中操作。

第 2 章

常用的检测分析方法

2.1 分光光度法

分光光度法(spectrophotometry)是根据物质对不同波长的光线具有选择性吸收,每种物质都具有其特异的吸收光谱而建立起来的一种定量、定性分析的技术,也称为吸收光谱法(absorption spectrometry)。

分光光度法是比色法的发展。比色法只限于可见光;分光光度法则由可见光区扩展到紫外光区和红外光区。比色法用滤光片产生单色光,谱带宽度为 40～120 nm,精度不高;而紫外分光光度法则采用棱镜或光栅产生单色光,其光谱带宽最大不超过 3～5 nm,且具有较高的波长精度。

分光光度法不需要把待分析的样品从混合物中分离开来,即可利用样品特殊的吸收峰或特殊的显色反应,直接进行定性、定量分析,具有操作简单、灵敏度高、选择性强、定量分析的精密度和准确度都很高的优点。

分光光度法的基本原理是朗伯-比尔定律,该定律表示的是有色溶液对单色光的吸收程度与溶液的浓度及液层厚度间的关系。

一束单色光通过溶液时,由于溶液吸收了一部分光能,光的强度就要减弱。当溶液浓度不变,则溶液液层厚度越大(即光在溶液中所经过的路径越长),透射光的强度越小。当溶液液层厚度不变时,其浓度越大,透射光的强度也就越小。

设光线通过溶液前的强度为 I_0(入射光的强度),透过液层厚为 L、浓度为 c 的溶液后,光的强度度为 I_t(透过光的强度),则 I_t/I_0 表示透过光强与入射光强的比值,称为透光度(transmittance),则有:

$$OD = -\lg \frac{I_t}{I_0} = KLc$$

式中:OD 为吸光度。

这就是朗伯-比尔定律,它表示在单色光的条件下,溶液的吸光度与溶液浓度和溶液厚度的乘积成正比。

用分光光度计测出标准溶液(浓度已知)和样品溶液(浓度待测)的吸光度,就可根据对比法来测定样品溶液的浓度：

$$\frac{OD_x}{OD_s}=\frac{Kc_xL}{Kc_sL}，即\ c_x=\frac{OD_x}{OD_s}\times c_s$$

式中：c_x 和 c_s 分别表示样品溶液和标准溶液的浓度；

　　OD_x 和 OD_s 分别表示样品溶液和标准溶液所测的吸光度。

2.2　电　泳

电泳(electrophoresis)是指带电粒子在电场的作用下，在一定介质(溶剂)中所发生的向异性电极定向移动的现象。许多重要的生物分子(如氨基酸、多肽、蛋白质、核苷酸、核酸等)都具有可电离基团，它们在某个特定的 pH 值下可以带正电荷或负电荷，在电场的作用下，这些带电粒子会向着与其所带电荷极性相反的电极方向移动。电泳技术就是利用在电场的作用下，由于待分离样品中各种分子带电性质以及分子本身大小、形状等性质的差异，使带电分子产生不同的迁移速度，从而对样品进行分离、鉴定或提纯的技术。

2.2.1　电泳的基本原理

带电粒子在电场中的运动速度与电场强度及粒子的净电荷、质量、形状及介质阻力等许多因素有关。根据库仑定律(Coulomb's law)，1 个净电荷为 Q 的粒子在电场强度为 E 的电场中所受的力 F 为：

$$F=QE$$

它在运动时受到的阻力 F' 与粒子形状有关，对于球形粒子，它服从斯托克斯定律(Stoke's law)：

$$F'=6\pi r\eta v$$

式中：r 为粒子半径；

　　η 为介质黏度；

　　v 为泳动速度。

稳态时，电动力与阻力相等：

$$F'=F=QE=6\pi r\eta v$$

由此可得：

$$\frac{v}{E}=\frac{Q}{6\pi r\eta}$$

式中：v/E 表示粒子在单位电场强度时的平均电泳速率，称为电泳迁移率，记为 μ，则
$\mu=\dfrac{Q}{6\pi r\eta}$。

由此可见，在一定介质中，不同粒子带净电荷 Q 不同或半径不同时，在电场中的迁移率就不同，据此可将不同粒子分开。

2.2.2 电泳的发展历程

1809 年,俄国物理学家 Reǔss 首次发现电泳现象。1937 年,瑞典 Uppsala 大学的 Tiselius 制造了 Tiselius 电泳仪,并建立了研究蛋白质的"移界电泳法"。1948 年,Wieland 和 Fischer 重新发展了以滤纸作为支持介质的电泳方法,研究氨基酸的分离,使电泳技术大为简化。

从 20 世纪 50 年代起,特别是 1950 年 Durrum 等用纸电泳(paper electrophoresis)进行了各种蛋白质的分离以后,开创了利用各种固体物质(如醋酸纤维素薄膜、琼脂糖凝胶、淀粉凝胶等)作为支持介质的区带电泳方法。

1959 年,Raymond 和 Weintraub 创建了聚丙烯酰胺凝胶电泳(polyacrylamide gel electrophoresis,PAGE),极大地提高了电泳技术的分辨率,开创了近代电泳的新时代。聚丙烯酰胺凝胶电泳至今仍是分析鉴定蛋白质、多肽、核酸等生物大分子最准确的手段。

1981 年,Jorgenson 和 Lukacs 首先提出毛细管电泳技术(capillary electrophoresis,CE),他们使用 75 mm 的毛细管柱,用荧光检测器对多种组分进行了分离。

2.2.3 电泳的分类

根据有无支持物,电泳可分为自由电泳和区带电泳。自由电泳包括显微电泳、等电聚焦电泳、等速电泳及密度梯度电泳等。区带电泳根据所用支持物的不同可分为纸电泳、醋酸纤维薄膜电泳、琼脂糖凝胶电泳(agarose gel electrophoresis)、聚丙烯酰胺凝胶电泳等。

根据支持物的形状不同,电泳可分为薄层电泳、平板电泳(水平平板电泳、垂直平板电泳)、圆盘电泳、毛细管电泳等。

根据电泳机理不同,电泳可分为等电聚焦电泳、SDS-聚丙烯酰胺凝胶电泳、双向电泳、脉冲场电泳和免疫电泳等。

琼脂糖是从海藻中提取出来的多糖,是由 D-半乳糖和 3,6-脱水-L-半乳糖综合形成的链状分子,当加热至 90 ℃ 左右时,形成清亮、透明的液体;冷却至 45 ℃ 以下时,即可固化形成凝胶。琼脂糖凝胶具有如下特点:①含水量大,可达 98%～99%,近似自由电泳,但样品扩散度低;②琼脂糖作为支持物分辨率高,重复性好,电泳速度快;③透明且不吸收紫外线;④熔点低,电泳样品易于回收等。

聚丙烯酰胺凝胶是由单体丙烯酰胺(acrylamide,Acr)和交联剂 N,N'-亚甲基双丙烯酰胺(methylene-bisacrylamide,Bis)在催化剂过硫酸铵(ammonium persulfate,AP)和加速剂四甲基乙二胺(TEMED)的作用下聚合交联成三维网状结构的凝胶(见图 2.1)。以此凝胶作为支持物的电泳称为聚丙烯酰胺凝胶电泳。与其他凝胶相比,聚丙烯酰胺凝胶具有以下优点:①分辨率很强,相差 1 bp 的 DNA 分子即可分开;②富含酰胺基,具有稳定的亲水性,在水中无电离基团,几乎无电渗,样品分离重复性好;③化学性能稳定,与被分离样品(DNA 或蛋白质)不发生化学反应;④无色透明,紫外线吸收率低,机械强度高,韧性好等。

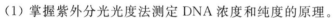
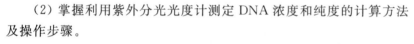

图 2.1　聚丙烯酰胺凝胶合成方程式

实验 1　DNA 浓度与纯度的紫外分光光度法分析

【实验目的】

(1) 掌握紫外分光光度法测定 DNA 浓度和纯度的原理。

(2) 掌握利用紫外分光光度计测定 DNA 浓度和纯度的计算方法及操作步骤。

实验 1　DNA 浓度
与纯度的紫外分
光光度计法分析

【实验原理】

核酸分子(DNA 或 RNA)由于含有嘌呤环和嘧啶环的共轭双键,在 260 nm 波长处有特异的紫外吸收峰,其吸收强度与核酸的浓度成正比,这个物理特性为测定核酸溶液浓度提供了基础。规定双链 DNA 浓度为 50 μg/mL,单链 DNA 浓度为 33 μg/mL 和单链 RNA 浓度为 40 μg/mL 时的 OD_{260} 值为 1。由此可以计算核酸样品的浓度。紫外分光光度法不但能确定核酸的浓度,还可通过测定 260 nm 和 280 nm 的吸光度的比值(OD_{260}/OD_{280})估计核酸的纯度。纯的 DNA 制品的 OD_{260}/OD_{280} 比值为 1.8;若所测比值高于 1.8,则可能有RNA 污染;若低于 1.8,则有蛋白质污染。纯的 RNA 的 OD_{260}/OD_{280} 比值为 2.0。

【实验材料、试剂及仪器】

1. 实验材料

植物、哺乳动物或微生物基因组 DNA,微生物质粒 DNA 等。

2. 实验试剂

(1)TE 缓冲液:10 mmol/L Tris(三羟甲基氨基甲烷)-HCl (pH 8.0),1 mmol/L

EDTA(乙二胺四乙酸,pH 8.0),121 ℃高压灭菌 20 min,备用。

(2)无菌水:去离子水 121 ℃高压灭菌 20 min,备用。

3. 实验仪器

紫外可见分光光度计(每 8 人 1 台)　　　　　5 mL 离心管(若干)

移液器(每 2 人 1 套)

【实验步骤】

(1)开机。接通电源,打开开关,分光光度计开始预热并自动对光路及分析软件进行自检,时间视不同仪器而定,通常为 20 min 左右。

(2)稀释。用 TE 缓冲液对待测 DNA 样品按 1∶50 或合适的比例稀释。

(3)调零。将空白对照(通常情况下是稀释 DNA 的 TE 缓冲液)和待测 DNA 样品分别注入不同的比色皿中(空白对照 1 个即可),体积以比色皿容积的 3/4 左右为宜。将比色皿放入样品槽,关闭盖板。点击归零键,仪器自动校正零点。

DNA 样品的
稀释

(4)测量。点击相关按钮,分别测量样品 DNA 在 260 nm 和 280 nm 处的吸光度,待读数稳定后,每个样品测 3 次,记录结果并计算其平均值。

(5)关机。打开盖板,取出比色皿,用去离子水清洗,风干后,装入比色皿盒中。关闭开关,断开电源,盖上布套。

(6)计算 DNA 浓度与 DNA 纯度。

【实验注意事项】

(1)待测样品必须纯度较高,否则不可用此方法来定量。

(2)紫外可见分光光度计为精密仪器,错误的操作势必会影响实验结果,甚至缩短仪器的使用寿命。因此,在使用该仪器时,必须严格遵守操作规程。

(3)取比色皿时,手持糙面的两侧,装盛样品量以比色皿容积的 3/4 为宜。使用挥发性溶液时应加盖,透光面要用擦镜纸由上而下擦拭干净。比色皿放入样品室时应将光面对准光线透过的方向。

(4)如测试数据重复性不好,除个别属仪器故障外,多数是因为比色皿污染或对照样品溶液中含有杂质等,故测试前要注意比色皿的清洁和对照样品溶液中杂质的清除。使用的比色皿必须洁净,用完后用蒸馏水冲洗干净,晾干防尘保存。

【典型实验结果分析】

从银杏叶中提出的基因组 DNA,用 TE 缓冲液溶解,稀释 50 倍,分别测定 260 nm 和 280 nm 时的吸光度。

1. 典型实验结果 1

测量结果:$OD_{260}=1.74$,$OD_{280}=1.02$。

计算结果:DNA 的浓度=$1.74\times50\ \mu g/mL\times50=4.35\ mg/mL$。

$OD_{260}/OD_{280}=1.74/1.02=1.7<1.8$,说明样品中存在蛋白质或酚等杂质。可采用酚/氯仿/异戊醇抽提除去蛋白质或用乙醚抽提去除残留酚,再用无水乙醇沉淀,TE 缓冲液悬浮后再测定。

2.典型实验结果 2

测量结果:$OD_{260}=1.92$,$OD_{280}=0.93$。

计算结果:DNA 的浓度 $=1.92\times50$ $\mu g/mL\times50=4.80$ mg/mL。

$OD_{260}/OD_{280}=1.92/0.93=2.1>1.8$,说明样品中存在 RNA 污染。可以用 RNA 酶处理样品以去除 RNA,再用无水乙醇沉淀,TE 缓冲液溶解后再测定。

【实验讨论】

问题:如何避免紫外分光光度计吸光度读数漂移?

答:读数不稳定是分光光度法中最大的问题。灵敏度越高的仪器,表现出的吸光度漂移越大。事实上,根据分光光度计的设计原理和工作原理,吸光度在一定范围内变化是允许的,即仪器有一定的准确度和精确度。

核酸本身的物化性质,溶解核酸的缓冲液的 pH 值、离子浓度等也是影响读数漂移的重要因素。只有在一定的 pH 值和低离子浓度的条件下,才能得到精确的检测结果。水的 pH 值不稳定,可能导致检测误差。因此建议使用 pH 值一定、离子浓度较低的缓冲液(如 TE 缓冲液)溶解核酸,以便稳定读数。

样品的稀释浓度同样是不可忽视的因素。由于样品(尤其是核酸样品)中不可避免地存在一些细小的颗粒,这些小颗粒的存在会干扰测试效果。为了最大限度地减少颗粒对测试结果的影响,要求核酸吸光度至少大于 0.1,吸光度最好为 0.1~1.5,在此范围内,颗粒的干扰相对较小,结果稳定。因此,样品的浓度不能过低或过高,把握合适的稀释浓度非常重要。

正确的操作是保证读数稳定的前提,因此在实验过程中要注意操作的正确性。如混合要充分;混合液中不能存在气泡;空白液中无悬浮物;使用相同的比色皿测试空白液和样品;不能采用磨损的比色皿;样品的体积必须达到比色皿要求的最小体积等。

【参考文献】

[1] 屈伸,刘志国.分子生物学实验技术.北京:化学工业出版社,2008.

实验 2　DNA 的琼脂糖凝胶电泳

【实验目的】

(1)掌握琼脂糖凝胶电泳分离 DNA 的原理。

(2)掌握利用琼脂糖凝胶电泳分离 DNA 的方法及操作过程。

实验 2　DNA 的
琼脂糖凝胶电泳

【实验原理】

核酸分子在琼脂糖凝胶中泳动时有电荷效应和分子筛效应。核酸分子在 pH 值高于等电点的溶液中带负电荷,在电泳时向阳极移动。由于糖-磷酸骨架在结构上的重复性,相同数量的核酸分子(DNA 或 RNA 分子)具有等量的净电荷,它们能以同样的速度向阳极泳动,所以,在一定的电场强度下,核酸分子的迁移速度主要取决于分子筛效应,即核酸分子的本身的大小和构象,而且核酸分子的迁移速度与其相对分子质量的对数值成反比。因此,具有不同相对分子质量的核酸分子在电场的作用下,可在琼脂糖凝胶中进行分离。琼脂糖凝胶电泳适用于分离 200 bp~50 kb 大小的 DNA 片段。

观察琼脂糖凝胶中核酸最常用的方法是利用荧光染料溴化乙锭进行染色。溴化乙锭是 1 种高度灵敏的荧光染色剂,含有 1 个可以嵌入双链 DNA 分子大沟之间的三环平面基团。它与 DNA 的结合几乎没有碱基序列特异性。在高离子强度的饱和溶液中,大约每 2.5 个碱基插入 1 个溴化乙锭分子。当溴化乙锭分子插入后,其平面基团与螺旋的轴线垂直,并通过范德华力与上下碱基相互作用,形成溴化乙锭-DNA 复合物。DNA 吸收 254 nm 处的紫外辐射并传递给溴化乙锭,而被结合的溴化乙锭本身吸收 302 nm 和 366 nm 的光辐射。这 2 种情况的综合下,被吸收的能量在可见光谱红橙区的 590 nm 处重新发射出来,呈现橙红色荧光。由于溴化乙锭-DNA 复合物的荧光产率比没有结合 DNA 的溴化乙锭的荧光产率高出 20~30 倍,所以当凝胶中含有游离的溴化乙锭(0.5 μg/mL)时,可以检测到少至 10 ng 的 DNA 条带。

核酸分子中嵌入荧光染料(如溴化乙锭)后,在紫外灯下肉眼即可观察得到,或用凝胶成像分析系统拍摄保存。

【实验材料、试剂及仪器】

1. 实验材料

pUC19 质粒载体,以及用 EcoR I 酶切消化后的 pUC19 质粒载体。

2. 实验试剂

(1)0.5×TBE 缓冲液或 1×TAE 缓冲液:用 5×TBE 缓冲液稀释 10 倍,或用 50×TAE 缓冲液稀释 50 倍。

(2)6×加样缓冲液:0.25% 溴酚蓝,0.25% 二甲苯青 FF,30% 甘油,溶于去离子水中,4 ℃储存。

(3)10 mg/mL 溴化乙锭溶液:1 g 溴化乙锭溶于 100 mL 去离子水中,分装至小管中,铝箔包裹或转移至棕色瓶中,室温下避光保存。

(4)琼脂糖(电泳级)。

(5)DNA 分子大小标准参照物。

3. 实验仪器

电子天平(每 8 人 1 台)　　　　　　水平电泳槽(每 4 人 1 台)

微波炉(全班 1 台)　　　　　　　　凝胶成像分析系统(全班 1 台)

电泳仪(每 8 人 1 台)　　　　　　　制胶板(每 4 人 1 套)

移液器(每 2 人 1 套)　　　　　　　　　250 mL 锥形瓶(每 8 人 1 只)

20 μL 无菌吸头(每人 2 支)　　　　　　一次性手套(每人 1 双)

【实验步骤】

(1) 准备。称取适量的琼脂糖,置于合适的锥形瓶中,加入相应体积的电泳缓冲液(如制备 1% 琼脂糖胶液,就称取 1 g 琼脂糖溶于 100 mL 电泳缓冲液中),可采用 0.5×TBE 缓冲液或 1×TAE 缓冲液。

琼脂糖凝胶
的制备

(2) 熔解。微波炉加热使琼脂糖充分熔解(一般为中火加热 2 min,取出混匀,再加热 2 min)。

(3) 加入溴化乙锭。戴上一次性手套,添加溴化乙锭溶液至终浓度为 0.5 μg/mL(100 mL 中加入 5 μL 10 mg/mL 溴化乙锭溶液),混匀,室温冷却至 50 ℃左右。

(4) 灌胶。根据样品的多少,选择合适的制胶板。将洗净、干燥的制胶板模型架好,缓慢地将琼脂糖胶液注入 1 个带有"梳子"的胶床中(避免产生气泡),至凝胶完全凝固,一般需 20～60 min。

(5) 放胶。待胶凝固之后,轻轻拔出梳子,将制胶板放在电泳槽内,加样孔一侧靠近阴极(黑色电极),注入适量的电泳缓冲液,通常缓冲液高于胶面 0.5～1 cm。

(6) 点样。取适量 DNA 样品及 DNA 分子大小标准参照物(一般为 10 μL),加入 2 μL 6×加样缓冲液,反复吹吸,混匀,采用移液器进行点样:使吸管与加样孔垂直,吸管尖端刚好在加样孔开口之下,缓慢将 DNA 样品加入加样孔中。

点样

(7) 电泳。加样完毕后,正确连接电泳槽和电源(黑的连阴极,红的连阳极),设定好电压,最高电压不超过 5 V/cm。打开开关,通过观察加样孔附近的铂丝来检测接线柱是否连接良好(若连接良好,阴极附近的铂丝会有气泡产生),确定电泳是否正常。

DNA 琼脂糖
凝胶电泳

(8) 拍照、保存。肉眼可见溴酚蓝泳至距制胶板前端 2～3 cm 处即可停止电泳(溴酚蓝在 1% 琼脂糖胶液中约与 300 bp 的双链 DNA 分子泳动的速度相当)。切断电源,取出凝胶,置于紫外线透射仪上观察电泳结果,或用凝胶成像分析系统拍照保存。

【实验注意事项】

(1) 必须保证琼脂糖完全熔解,可用肉眼对着光线观察,若晃动过程中还观察到小颗粒,则未熔解完全。

(2) 为保持电泳所需的离子强度和 pH,要定期更新电泳缓冲液。

(3) 凝胶配置过程中要带粗布手套,避免烫手。实验室应准备烫伤药膏,以备不时之需。

(4) 配制凝胶所用的电泳缓冲液应与电泳槽中的相一致,熔解的凝胶冷却到 50 ℃左右后应及时倒入板中,避免在倒入前凝固结块。倒入制胶板中时,应避免产生气泡,以免影响电泳结果。若出现气泡,可用尖头的器具戳破气泡。

(5) 点样时不可刺穿凝胶,也要防止样品溢出加样孔。

（6）制胶板放入电泳槽中应保持加样孔一端接阴极（黑色电极），另一端接阳极（红色电极），切不可放反，否则样品会迅速跑出泳道。

（7）溴化乙锭是强诱变剂，具有高致癌性！使用时务必带上一次性塑料手套，并须在指定范围内操作，注意不要污染其他区域或设备。接触过溴化乙锭的废弃物均需包扎好，丢弃在指定的收集桶内，统一处理，不可乱扔。

（8）紫外线对人体有损伤作用，不可直接用肉眼观察，要注意防护。

（9）操作过程中，所用器材均应严格清洗。勿用手接触灌胶面的玻璃，以免影响凝胶质量。

（10）凝胶完全凝固后，必须放置 30 min 左右，使其充分"老化"后，才能轻轻取出样品梳，切勿破坏加样孔底部的平整，以免电泳后区带扭曲。

【典型实验结果分析】

理想实验结果（见图 2.2）

用碱裂解法提取的 pUC19 质粒有多种构象：跑在最前面的是超螺旋结构的（见图 2.2，泳道 2）；当 pUC19 被酶切成 1 条单链分子时，大约出现在 4000 bp 的位置（见图 2.2，泳道 1）。

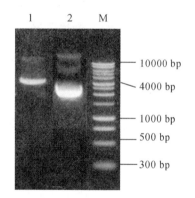

图 2.2　pUC19 质粒 DNA 琼脂糖凝胶电泳结果

1：*Eco*R I 酶切 pUC19 质粒的产物
2：碱裂解法提取的 pUC19 质粒
M：DNA 分子大小标准参照物

【实验讨论】

问题 1：如何确定琼脂糖凝胶的浓度呢？

答：琼脂糖凝胶的浓度要根据电泳样品 DNA 分子的大小来确定。DNA 分子的大小与琼脂糖凝胶浓度的关系如表 2.1 所示。

表 2.1　DNA 分子大小与琼脂糖凝胶浓度的关系

DNA 分子的大小/kb	琼脂糖凝胶的浓度/%
5～60	0.3
1～20	0.6
0.8～10	0.7
0.5～7	0.9
0.4～6	1.2
0.2～4	1.5
0.1～3	2.0

问题 2：在电场中，带负电荷的 DNA 向阳极迁移，其迁移速率由哪些因素决定？

答：影响 DNA 迁移速率的主要因素有：①DNA 分子的大小；②DNA 分子的构象；③琼脂糖浓度；④电源电压；⑤嵌入染料的存在；⑥缓冲液的离子强度等。

问题 3：琼脂糖凝胶电泳过程中使用 TAE 或 TBE 缓冲液有何不同？

答：TAE 与 TBE 缓冲液均可用于普通的琼脂糖凝胶电泳。相比较而言，TBE 的缓冲能力要高于 TAE，因此更为常用。但 TAE 易储存，可配制成 50×储存液，使用时稀释至 1×TAE 使用；而 TBE 不易储存，易产生沉淀，常配制成 5×储存液，使用时稀释至 0.5×TBE 使用。

【参考文献】

[1] 屈伸,刘志国.分子生物学实验技术.北京:化学工业出版社,2008.

[2] 魏群.分子生物学实验指导.北京:高等教育出版社,1999.

实验 3　DNA 的聚丙烯酰胺凝胶电泳

【实验目的】

(1) 掌握聚丙烯酰胺凝胶电泳的原理。

(2) 掌握用聚丙烯酰胺凝胶电泳分离 DNA 的方法及操作步骤。

【实验原理】

聚丙烯酰胺凝胶电泳根据其有无浓缩效应,分为连续系统与不连续系统两大类。前一电泳体系中,缓冲液的 pH 值及凝胶浓度相同时,带电颗粒在电场作用下主要靠电荷效应及分子筛效应分离;后一电泳体系中,由于缓冲液的离子成分、pH 值、凝胶浓度及电位梯度的不连续性,带电颗粒在电场中泳动不仅有电荷效应、分子筛效应,还具有浓缩效应,故样品被压缩成 1 条狭窄的区带,因而增强了分离效果,提高了电泳分辨率,尤其是对于小 DNA 片段(5～500 bp),仅差 1 bp 的 DNA 分子也能被清晰地分开。

连续系统中,根据分离的 DNA 不同,常用的 2 种聚丙烯酰胺凝胶电泳为:①用于分离和纯化双链 DNA 片段的非变性聚丙烯酰胺凝胶电泳;②用于分离和纯化单链 DNA 片段的变性聚丙烯酰胺凝胶电泳。非变性聚丙烯酰胺凝胶常用于分离和纯化小分子双链 DNA 片段(<1000 bp),大多双链 DNA 在此胶中的迁移速率大致与 DNA 分子大小的对数值成反比,但迁移速率也受碱基组成和序列的影响,同等大小的 DNA 分子可能由于空间结构的不同而迁移速率相差 10%,故不能用它来确定双链 DNA 的大小。

【实验材料、试剂及仪器】

1.实验材料

16～31 bp 的双链 DNA 分子。

2.实验试剂

(1)30%丙烯酰胺溶液:丙烯酰胺 29 g,N,N'-亚甲基双丙烯酰胺 1 g,溶于 60 mL 水中,加热至 37 ℃溶解,定容到 100 mL,用 0.45 μm 滤膜过滤,室温避光保存。

(2)5×TBE 缓冲液(pH 8.3):Tris 碱 54 g,硼酸 27.5 g,0.5 mol/L EDTA(pH 8.0) 20 mL,加水定容至 1 L,调节 pH 至 8.3。

(3)10%过硫酸铵溶液:过硫酸铵 1 g 加蒸馏水定容到 10 mL,4 ℃下可储存 1 周,但最好现配现用。

(4)四甲基乙二胺(TEMED)。

(5)DNA 分子大小标准参照物。

(6)6×加样缓冲液:0.25% 溴酚蓝,0.25% 二甲苯青 FF,30% 甘油,溶于去离子水中,4 ℃储存。

(7)10%乙酸。

(8)银染液:硝酸银 1 g,37%甲醛 1.5 mL,定容至 1 L。

(9)显色液:氢氧化钠 30 g,37%甲醛 4 mL,定容至 1 L。

3. 实验仪器

移液器(每 2 人 1 套)　　　　　　20 μL、100 mL 和 1 mL 无菌吸头(每人

垂直电泳槽(每 8 人 1 台)　　　　　2 支)

电泳仪(每 8 人 1 台)　　　　　　　50 mL 烧杯(每 8 人 3 个)

【实验步骤】

(1)用洗洁精浸泡玻璃板、密封条和梳子,必要时用 KOH/甲醇清洗(100 mL 甲醇加 5 g KOH 配制),水洗后再用乙醇淋洗。

(2)装好灌胶用的玻璃板及密封条。

(3)依所分离的 DNA 的大小来确定合适的凝胶的浓度。100 mL 不同浓度凝胶的配制方法参见表 2.2。

表 2.2　100 mL 不同浓度的聚丙烯酰胺凝胶配制

凝胶的浓度/%	3.5	5.0	8.0	12.0	20.0
30%丙烯酰胺溶液/mL	11.6	16.6	26.6	40.0	66.6
ddH₂O/mL	67.7	62.7	52.7	39.3	12.7
5×TBE 缓冲液/mL	20.0	20.0	20.0	20.0	20.0
10%过硫酸铵溶液/mL	0.7	0.7	0.7	0.7	0.7
TEMED/mL	0.035	0.035	0.035	0.035	0.035

(4)用移液器将凝胶溶液注入胶床,插入梳子。室温下凝胶凝固至少需 30 min,若凝固完全,梳齿下可见 2 条折光线,小心拔出梳子,用水冲洗样品孔。

(5)在电泳槽中加入 1×TBE 缓冲液,使缓冲液覆盖样品孔,并用缓冲液稍淋洗样品孔。

(6)用移液器吸取 DNA 样品及 DNA 分子大小标准参照物,分别加入加样孔中,再加入 1/6 体积 6×加样缓冲液与它们混合。整个过程要小心快速。

(7)接上电极,以 5 V/cm 的电压进行电泳。

(8)染料迁移至所需位置时,切断电源,取出凝胶床,小心撬去上面的玻璃板,检查凝胶是否完好地附在下面的玻璃板上,按下列方法之一进行染色或显影,检测 DNA 的位置。

①溴化乙锭染色法:聚丙烯酰胺凝胶能抑制 EB 的荧光量,故用该法时,DNA 量需大于 10 ng,将凝胶和玻璃板一起放入含 0.5 μg/mL EB 的 1×TBE 缓冲液中,30~45 min 后取出,水洗,紫外灯下观察并照相。

②银盐染色法:此法的灵敏度很高,适用于聚丙烯酰胺凝胶中 DNA 和 RNA 的染色。凝胶先用去离子水洗脱 3 min,10％的乙酸固定 10 min,再用去离子水洗脱 2 次,每次 2 min,银染液染色 15 min,去离子水洗脱 5 s,接着用显色液显色 6 min,10％乙酸中止显色 1 min,最后用去离子水洗脱 1 min,置于玻璃纸上,风干保存。

【实验注意事项】

(1) 制备凝胶应选用高纯度试剂,否则影响凝胶凝固和电泳效果。Acr 和 Bis 均为神经毒剂,对皮肤有刺激作用,操作时应戴手套和口罩,在通风橱中进行。

(2) 为防止电泳后区带拖尾,样品中盐离子强度应尽量降低。含盐量高的样品可用透析法或凝胶过滤法脱盐。

(3) 参照实验 2“实验注意事项”(2)～(10)。

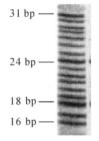

图 2.3　双链 DNA 聚丙烯酰胺凝胶电泳结果

【典型实验结果分析】

理想实验结果(见图 2.3)

分子大小相差 1 bp 的 DNA 被聚丙烯酰胺凝胶分离开来。

【实验讨论】

问题 1:配制聚丙烯酰胺凝胶时,促凝的是 TEMED 还是过硫酸铵? 胶聚时间很长如何解决?

答:过硫酸铵提供驱动丙烯酰胺和双丙烯酰胺聚合所需的自由基;而 TEMED 通过催化过硫酸铵形成自由基而加速它俩的聚合。胶凝固时间长可能是 TEMED 失效了;过硫酸铵溶液时间过久也会失效的,最好现配现用。

问题 2:跑出的 DNA 带模糊,可能的原因有哪些?

答:①DNA 降解:应避免核酸酶污染。②电泳缓冲液陈旧:电泳缓冲液多次使用后,离子强度降低,pH 值上升,缓冲能力减弱,从而影响电泳效果。建议经常更换电泳缓冲液。③所用电泳条件不合适:电泳时,电压不应超过 20 V/cm,温度应小于 30 ℃;较大的 DNA 片段电泳时,温度应小于 15 ℃。④DNA 上样量过多:应减少凝胶中 DNA 上样量。⑤DNA 含盐过高:电泳前应通过乙醇沉淀去除过多的盐。⑥有蛋白污染:电泳前应用酚抽提去除蛋白。⑦DNA 泳出凝胶:应缩短电泳时间,降低电压,增强凝胶浓度。

【参考文献】

[1] 萨姆布鲁克 J,弗里奇 E F,曼尼阿蒂斯 T.分子克隆实验指南.2 版.金冬雁,黎孟枫,译.北京:科学出版社,1993.

第 3 章

植物基因组 DNA 的提取及鉴定

3.1 植物基因组 DNA

真核细胞基因组 DNA 包括核基因组 DNA 及核外细胞器基因组 DNA。在植物细胞中有 3 个独立的基因组:核基因组、叶绿体基因组和线粒体基因组。其中核基因组 DNA 在植物细胞发育过程中扮演着举足轻重的角色。本章主要介绍植物核基因组 DNA 的提取。

在植物细胞中,核基因组无论是 DNA 的含量,还是从编码的基因数目都是最大的。不同的植物物种的 DNA 含量是不同的:如植物中含核基因组 DNA 最少的是拟南芥(*Arabidopsis thaliana*),单倍体中仅含有 0.07 pg DNA;而含核基因组 DNA 较多的是槲寄生(*Viscum album*),单倍体中含有 100 pg 以上 DNA。植物核基因组明显大于动物核基因组,即便是拟南芥,其核基因组 DNA 量是果蝇(*Drosophila melanogaster*)的核基因组 DNA 的 5 倍。

3.2 植物基因组 DNA 的提取技术

植物基因组 DNA 常用的提取方法有十六烷基三甲基溴化铵(cetyltriethylammonium bromide,CTAB)法、十二烷基硫酸钠(sodium dodecyl sulfate,SDS)法等。SDS、CTAB 等去污剂均能够破坏细胞膜,使蛋白质沉淀下来,从而释放 DNA。同时,在一定的盐浓度下,它们也可以沉淀色素和多糖。如 CTAB 能跟核酸形成复合物,在高盐溶液(0.7 mol/L NaCl)中可溶并且稳定存在;但在低盐浓度下(0.3 mol/L NaCl)中,CTAB -核酸复合物会因溶解度降低而沉淀出来,而大部分的蛋白与多糖仍溶于溶液中,因此通过离心技术可将CTAB -核酸复合物分离出来,然后溶于高盐溶液中。如用含有高浓度 SDS 的抽提缓冲液在一定温度(55~65 ℃)下对植物细胞进行裂解后,用提高盐浓度(KAc 或 NH_4Ac)和降低温度(冰上保温)的办法沉淀除去蛋白质和多糖,剩下的 DNA 再进一步纯化。

植物不同器官的基因组 DNA,其提取率及质量有所不同。一般来说,不同器官基因组 DNA 的提取率由高到低依次为嫩叶、枝芽、老叶、嫩茎、老茎。植物组织中常含有较多的多糖和酚类物质,常规的 SDS 法提取 DNA 的得率较高,但 DNA 纯度不高,常含有较多的蛋白质与多糖,导致 DNA 不可溶解,不利于后续的分子生物学操作,有时甚至抑制了 PCR 扩增反应的进行,尤其是对于植物老叶 DNA 的抽提或是多糖含量较多的植物叶片 DNA 的抽提,需进行相应的条件改进以去除杂质。

在基因组 DNA 提取过程中,染色体会发生机械断裂,产生大小不同的片段,因此分离基因组 DNA 时应尽量在温和的条件下操作,如尽量减少酚/氯仿抽提,混匀过程要轻缓,以保证得到较长的 DNA。

实验 4　改进 SDS 法提取植物基因组 DNA

【实验目的】

实验 4　改进 SDS
法提取植物
基因组 DNA

(1)掌握改进的 SDS 法提取植物基因组 DNA 的原理。

(2)掌握采用改进的 SDS 法从植物组织中提取基因组 DNA 的方法及操作步骤。

(3)熟练掌握琼脂糖凝胶电泳的操作过程。

【实验原理】

本实验采用改进的 SDS 法提取植物基因组 DNA。此方法适合于大多数植物的不同器官的基因组 DNA 的提取,省去了许多纯化步骤,不需进行酚/氯仿的抽提,同时产物提取得率高,纯度高,可直接用于后续的分子生物学操作(如 PCR 扩增等)。主要原理如下:

(1)组织的破碎。可采用叶片、枝、根、芽等器官进行植物 DNA 提取,将植物组织剪碎后,采用液氮研磨破碎组织,得到干粉。液氮的温度为 $-196\ ℃$。在超低温下,细胞中的蛋白质、脂类都被冻结,细胞脆化,有利于研磨成粉末。

(2)杂质的去除。植物细胞常含有较多的次生代谢产物,如多酚类化合物等,氧化后的酚类化合物易与 DNA 共价结合,使 DNA 呈棕色或褐色,质量下降,不适合后续的分子生物学操作。因此本方法的 1 个改进之处就是采用 DNA 提取洗涤液去除植物组织中的部分多糖、多酚类化合物等杂质。其中洗涤液中含有的 β-巯基乙醇可以抑制酚类化合物的氧化;可溶性的聚乙烯吡咯烷酮(polyvinylpyrrolidone,PVP)可以去除多酚类化合物等杂质;EDTA 可以螯合金属离子,降低细胞膜稳定性,并抑制 DNase 的活性。

(3)细胞的裂解。DNA 裂解液中含有 SDS 和 EDTA。其中,SDS 为阴离子型表面活性剂,能结合细胞膜和核膜蛋白,破坏细胞膜,同时可使核蛋白解聚,使 DNA 得以游离出来;EDTA 也具有降低细胞膜稳定性,并抑制 DNase 的活性的作用。

(4)DNA 的纯化。粗提 DNA 中含有较多的杂质,要采用多种方法将除 DNA 外的其他杂质去除。本实验将 RNA 中多糖去除方法引入 DNA 纯化中来,采用加入 0.11 体积的醋酸钾和 0.25 体积的无水乙醇去除 DNA 中所含的多糖,效果良好。另外,实验还采用常规的氯仿/异戊醇($V:V=24:1$)有机溶剂抽提去除蛋白质等杂质,其中氯仿可挤去蛋白质分子之间的水分子,使蛋白质失去水合状态而变性,而核酸(DNA、RNA)水溶性很强,溶于水相,有机溶剂可使抽提液分相,经离心后即可从抽提液中除去细胞碎片和大部分蛋白质;异戊醇为消泡剂,加入异戊醇能降低分子表面张力,所以能减少抽提过程中的泡沫产生。

(5)DNA 的分离。采用 0.6 体积的异丙醇沉淀基因组 DNA,其中异丙醇可降低溶液的介电常数,减小溶剂的极性,从而削弱了溶剂分子与核酸分子间的相互作用力,增加了核酸分子间的相互作用力,导致蛋白质溶解度降低而沉淀;DNA 不溶于 70% 乙醇,而其中的盐及杂质可溶于水,因此采用 70% 乙醇去除溶于水的盐及杂质;采用 TE 缓冲液或是 ddH_2O 重新溶解基因组 DNA。

(6)RNA 的去除。精提 DNA 中常含有较多的 RNA,采用无 DNA 的 RNase 去除 RNA。

【实验材料、试剂及仪器】

1.实验材料

新鲜的植物(如海桐、一年蓬、映山红、香樟、银杏等来自校园植物)叶片,或 −70 ℃ 冻存的植物叶片,或硅胶干燥的植物叶片。

2.实验试剂

(1)DNA 提取洗涤液:100 mmol/L Tris-HCl (pH 8.0),3% 可溶性 PVP,20 mmol/L EDTA (pH 8.0),121 ℃ 高温灭菌 20 min,冷却后添加 20 mmol/L β-巯基乙醇(1000 mL 溶液中约加入 1.4 mL β-巯基乙醇),备用。

植物 DNA 提取
洗涤液的配制

(2)DNA 裂解液:100 mmol/L Tris-HCl (pH 8.0),20 mmol/L EDTA(pH 8.0),500 mmol/L NaCl,1.5% SDS,65 ℃ 溶解,121 ℃ 高压灭菌 20 min,备用。

(3)氯仿/异戊醇($V:V=24:1$)。

(4)5 mol/L KAc 溶液:49.1 g 乙酸钾溶解于 100 mL 去离子水中,于 4 ℃ 储存。

(5)无水乙醇。

(6)异丙醇。

(7)70% 乙醇:70 mL 无水乙醇用无菌水定容至 100 mL。

(8)含 10 μg/mL RNase A 的 TE 缓冲液:10 mL TE 缓冲液[10 mmol/L Tris-HCl (pH 8.0),1 mmol/L EDTA (pH 8.0),121 ℃ 高压灭菌 20 min,备用]中加入 10 mg/mL RNase A 溶液 10 μL。

(9)琼脂糖凝胶电泳相关试剂:参照实验 2。

3.实验仪器

台式高速离心机(每 8 人 1 台) 1.5 mL 无菌离心管(每人 4 支)

恒温水浴锅(每 8 人 1 台) 移液器(每 2 人 1 套)

剪刀(每 4 人 1 把) 1 mL 和 200 μL 无菌吸头(每人 10 支)

陶瓷研钵(每 2 人 1 只) 无菌牙签(每人 2 根)

液氮(全班 1 罐)　　　　　　　　　　琼脂糖凝胶电泳相关仪器:参照实验 2
吸水纸(每 4 人 1 卷)

【实验步骤】

(1) 取指甲大小植物叶片(−70 ℃冷冻或是新鲜),置于研钵中,加入液氮,研磨成粉末(越细越好)。

叶片选取　　　　　　　液氮研磨　　　　　　　粉末分散

(2) 迅速加入 DNA 提取洗涤液 1 mL,混匀,转移至 1.5 mL 离心管中。

(3) 加入 DNA 提取洗涤液 0.5 mL 洗涤研钵,转移至 1.5 mL 离心管中,8000 r/min 离心 10 min,弃上清液。

注:以上三个步骤也可用下面的步骤代替。取适量(约 2 g)的植物叶片(−70 ℃冷冻或新鲜),置于研钵中,加入液氮,研磨成粉末(越细越好)。取适量装入 1.5 mL 离心管中(粉末体积不超过 0.5 mL),加入 DNA 提取洗涤液至 1.5 mL,800 r/min 离心 10 min,弃上清液。

(4) 加入 DNA 提取洗涤液 1 mL,混匀,8000 r/min 离心 10 min,弃上清液。

(5) 重复步骤(4),洗涤 2 遍以上至上清液颜色变淡。

提取液移除　　　　　　　　　　沉淀分散

(6) 加入 65 ℃预热的 DNA 裂解液 500 μL,用牙签轻轻搅拌均匀,置水浴锅中 65 ℃水浴 30 min,其间轻柔地颠倒数次。

(7) 取出离心管后,立即加入氯仿/异戊醇 500 μL,颠倒数次成乳白色,10000 r/min 离心 5 min,取上层清液至新的 1.5 mL 离心管中。

氯仿/异戊醇添加　　　　　　　上层清液吸取

(8) 加入 55 μL 冰预冷的 5 mol/L KAc 溶液和 125 μL 无水乙醇,颠倒混匀,10000 r/min 离心 10 min,取上层清液转移至新的 1.5 mL 离心管中。

(9) 加入异丙醇 300 μL,室温放置 30 min 或−20 ℃放置 2 h,12000 r/min 离心 10 min,弃上清液。

(10) 加入 500 μL 70%乙醇,室温放置 2 min,12000 r/min 离心 5 min,弃上清液,打开盖子,室温晾干 2~5 min。

(11) 加入 30 μL 含 10 μg/mL RNase A 的 TE 缓冲液,37 ℃水浴 1 h 后取出,12000 r/min

离心 30 s。

（12）取 10 μL 样品进行 0.8% 琼脂糖凝胶电泳检测（参照实验 2），剩余 DNA 于 −20 ℃保存备用。

【实验注意事项】

（1）液氮使用时要小心，避免溅到手上导致冻伤。一旦发生意外，要迅速离开液氮，避免大面积冻伤，同时将手放在温水中，或是将受伤的指头夹在腋下，快速复温，擦干后局部涂敷冻伤膏，再用经过消毒处理的干纱布将受伤的部分包好，然后立刻寻求医疗处理，同时要小心不要把冻伤的水泡弄破。

（2）避免使用玻璃研钵，它在液氮作用下会冻裂。

（3）代谢产物少、细胞数量相对较多的幼嫩叶片和花是最好的提取 DNA 的材料；衰老的叶片和种荚也能提取出 DNA，但可能有降解；完全干死的组织不适合用来提取 DNA。研磨前需去除叶脉。

（4）样品应充分研磨，以保证细胞完全裂解；研磨好的材料与提取液充分混匀。

（5）由于植物组织中含大量多酚类化合物，易氧化与 DNA 结合，因此研磨时间要短并且动作要迅速。液氮挥发完后要立即加入提取液，过慢会导致多酚氧化物的氧化，DNA 褐变，同时，细胞破碎后，易释放出 DNase，使 DNA 降解；但又不要过早，以免提取液凝固。

（6）为获得具有生物活性的天然核酸，在分离制备过程中必须采用温和的条件，避免过酸过碱及剧烈的搅拌，防止热变性，同时还要避免核酸降解酶类对它的降解。加入裂解液后及加入氯仿/异戊醇后，应避免剧烈振荡，以免 DNA 断裂；用吸头吸取过程中应避免产生气泡，以免 DNA 断裂。

【典型实验结果分析】

1. 理想实验结果（见图 3.1）

DNA 分子大于 23 kb，纯度较高，可直接用于后续的分子生物学操作。

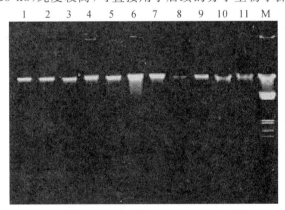

图 3.1　植物基因组 DNA 琼脂糖凝胶电泳结果 1

M：DNA 分子大小标准参照物；

1～11：植物基因组 DNA

2.典型实验结果 1(见图 3.2)

加样孔很亮,表明有蛋白质污染。解决办法:依次用酚/氯仿/异戊醇、氯仿/异戊醇抽提,去除蛋白质。

3.典型实验结果 2(见图 3.3)

条带呈弥散状,表明 DNA 被降解。解决办法:检查使用试剂及器皿是否高温高压灭菌;在 DNA 研磨时动作要迅速,液氮挥发完时快速加入提取液;操作要温和,尤其是在加入裂解液及氯仿/异戊醇后;检查材料是否新鲜,有无发霉或变坏。

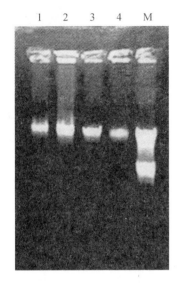 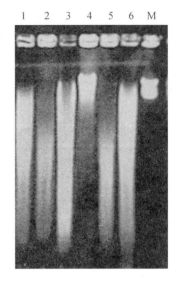

图 3.2　植物基因组 DNA 琼脂糖凝胶电泳结果 2　　图 3.3　植物基因组 DNA 琼脂糖凝胶电泳结果 3
M:DNA 分子大小标准参照物;　　　　　　　　　　M:DNA 分子大小标准参照物;
1~4:植物基因组 DNA　　　　　　　　　　　　　　1~6:植物基因组 DNA

4.典型实验结果 3(见图 3.4,泳道 2、3、4、7、8、10、11)

点样后易飘出加样孔,表明含有较多的多糖,DNA 较黏稠。解决办法:重新提取,在去多糖时要注意操作步骤及试剂体积比。

5.典型实验结果 4(见图 3.5,泳道 3)

凝胶前端有 RNA 条带,表明 RNA 未去干净。解决办法:加入 RNase,重新酶解。

6.典型实验结果 5(无电泳条带)

(1)DNA 沉淀呈棕色,难溶解,难以进行酶切及 PCR 扩增,表明 DNA 中含有杂质。解决办法:增加提取液洗涤次数,必要时可在 4 ℃浸泡过夜;增加提取液中 β-巯基乙醇的用量。

(2)无沉淀,表明 DNA 未提取出来。解决办法:重新提取。

1 2 3 4 5 6 7 8 9 10 11 12 M　　　　　1 2 3 M

图 3.4　植物基因组 DNA 琼脂糖凝胶电泳结果 4　　　图 3.5　植物基因组 DNA 琼脂糖凝胶电泳结果 5

　　　M:DNA 分子大小标准参照物;　　　　　　　　　　M:DNA 分子大小标准参照物;

　　　1~12:植物基因组 DNA　　　　　　　　　　　　　1~3:植物基因组 DNA

【实验讨论】

问题 1:为什么不用乙醇沉淀 DNA?

答:在沉淀核酸时,若多糖、蛋白含量高,用异丙醇沉淀可部分克服这种污染,尤其是在室温条件下用异丙醇沉淀的方法对摆脱多糖、杂蛋白污染更为有效。

问题 2:最后 DNA 能否溶于水中?

答:在 DNA 提取过程中,经有机溶剂沉淀后,DNA 可复溶于水中,因为此时离子浓度较高,不影响 DNA 的稳定性;而高度纯化后,离子浓度较低,DNA 最好复溶于 TE 缓冲液中,因为溶于 TE 的 DNA 的储藏稳定性要高于水溶液中的 DNA。另外,DNA 样品保存时要求以高浓度保存,低浓度的 DNA 样品要比高浓度的更易降解。

【参考文献】

[1] 李钧敏,金则新,边才苗,等.大血藤 DNA 提取及 RAPD 研究初探.植物研究,2002,22(4):483-486.

[2] 李钧敏,柯世省,金则新.濒危植物七子花 DNA 的提取及分析.广西植物,2002,22(6):499-502.

实验 5　CTAB 法提取植物基因组 DNA

【实验目的】

(1) 掌握 CTAB 法提取植物基因组 DNA 的原理。

(2) 掌握采用 CTAB 法从植物组织中提取 DNA 的方法及操作过程。

（3）熟练掌握琼脂糖凝胶电泳的操作过程。

【实验原理】

本实验采用 CTAB 法提取植物基因组 DNA，主要原理如下：

（1）细胞的破碎。同实验 4"实验原理"（1）。

（2）细胞的裂解。采用 CTAB 抽提液进行细胞的裂解与 DNA 的释放。CTAB 为去污剂，能溶解细胞膜和核膜蛋白，破坏细胞膜，同时可使核蛋白解聚，从而使 DNA 得以游离出来。

（3）DNA 的纯化。本实验采用常规的酚、酚/氯仿/异戊醇抽提法去除蛋白质等杂质。其原理基本同实验 4"实验原理"（4）。酚具有较强的毒性，会影响后续的分子生物学操作，借助酚可溶于氯仿的特性，可将 DNA 中残留的酚去除。

（4）DNA 的分离与 RNA 的去除。同实验 4"实验原理"（5）和（6）。

【实验材料、试剂及仪器】

1.实验材料

新鲜的植物（如海桐、一年蓬、映山红、香樟、银杏等来自校园的植物）的幼嫩叶片或花。

2.实验试剂

（1）2% CTAB 抽提液：2%（m/V）CTAB，1.4 mol/L NaCl，100 mmol/L Tris-HCl（pH 8.0），20 mmol/L EDTA，121 ℃高温灭菌 15 min，备用。

（2）Tris 饱和酚。

（3）酚/氯仿/异戊醇（$V:V:V=25:24:1$）。

（4）5 mol/L KAc 溶液：49.1 g 乙酸钾溶解于 100 mL 去离子水中，于 4 ℃储存。

（5）异丙醇。

（6）70%乙醇：70 mL 无水乙醇用无菌水定容至 100 mL。

（7）含 10 μg/mL RNase A 的 TE 缓冲液：10 mL TE 缓冲液[10 mmol/L Tris-HCl（pH 8.0），1 mmol/L EDTA（pH 8.0），121 ℃高压灭菌 20 min，备用]中加入 10 mg/mL RNase A 溶液 10 μL。

（8）琼脂糖凝胶电泳相关试剂：参照实验 2。

3.实验仪器

台式高速离心机（每 8 人 1 台）	1 mL 和 200 μL 无菌吸头（每人 10 支）
恒温水浴锅（每 8 人 1 台）	无菌牙签（每人 2 根）
剪刀（每 4 人 1 把）	液氮（全班 1 罐）
陶瓷研钵（每 2 人 1 只）	吸水纸（每 4 人 1 卷）
1.5 mL 无菌离心管（每人 4 支）	琼脂糖凝胶电泳相关仪器：参照实验 2
移液器（每 2 人 1 套）	

【实验步骤】

（1）取 0.5 g 植物幼嫩叶片或花，置于研钵中，用液氮研磨成粉末（越细越好），转入 1.5 mL 离心管。

（2）加入 800 μL 先预热过的 65 ℃的 CTAB 提取液和 20 μL 10% β-巯基乙醇，充分混匀，于 65 ℃恒温水浴 40 min(其间要颠倒混匀几次)后，冷却至室温。

（3）加入 400 μL 的 Tris 饱和酚，于 65 ℃水浴 15 min(其间要颠倒混匀几次)，取出，10000 r/min 离心 10 min，吸取上清液。

（4）加入等体积的 Tris 饱和酚，充分混匀，10000 r/min 离心 10 min，吸取上清液。

（5）加入等体积的酚/氯仿/异戊醇($V：V：V=25：24：1$)，充分混匀，10000 r/min 离心 5 min，取上清液。

（6）加入等体积的异丙醇，常温放置 10 min 后，12000 r/min 离心 10 min，弃上清液。

（7）加入 1 mL 70%乙醇洗涤沉淀，弃去乙醇，12000 r/min、4 ℃离心 1 min，吸除所有残液后，室温挥发乙醇 3~5 min。

（8）沉淀用 50 μL 含 10 μg/mL RNase A 的 TE 缓冲液溶解，置 37 ℃水浴约 30 min。

（9）取 10 μL 样品进行 0.8%琼脂糖凝胶中电泳检测(参照实验 2)，剩余 DNA 于 −20 ℃保存备用。

【实验注意事项】

（1）若提取产物有颜色，可能是材料中含有较多的多酚类物质，需添加 β-巯基乙醇，同时，应尽可能选取幼嫩的材料。

（2）收集 CTAB 与核酸形成的复合物时不要离心过度，否则会使沉淀难溶解。

（3）参照实验 4"实验注意事项"(1)~(6)。

【典型实验结果分析】

1. 理想实验结果(见图 3.6，泳道 1)

分子大于 23 kb，条带清晰，纯度较高，可直接用于后续的分子生物学操作。

2. 典型实验结果 1(见图 3.6，泳道 2)

点样孔有亮带，表明有蛋白质污染。解决办法：依次用酚/氯仿/异戊醇、氯仿/异戊醇抽提，去除蛋白质。

3. 典型实验结果 2(见图 3.6，泳道 3)

条带清晰，但亮度较低，表明 DNA 得率较低。解决办法：重新抽提。

图 3.6　植物基因组 DNA
琼脂糖凝胶电泳结果

1~3:植物基因组 DNA

【参考文献】

[1] 金波,蒋福升,施宏,等.石斛属野生种质资源的遗传多样性 RAPD 分析.中华中医药学刊,2009,27(8):1700 – 1702.

第4章

动物基因组 DNA
的提取及鉴定

4.1 动物基因组 DNA

地球上 2/3 的生物属于动物。动物是高度组织化的复杂生命形式。动物细胞与植物细胞在微观方面差别并不明显,真核生物的基因组一般比较庞大,例如哺乳类基因组达到 10^9 bp数量级,比细菌大千倍。但是在宏观上动物与植物的差别非常显著,即动物具有特殊的组织,如肌肉组织、结缔组织。

动物基因组 DNA 除了核基因组 DNA 外,还包括线粒体基因组 DNA。本章主要介绍动物细胞(包括组织和血液)核基因组 DNA 的提取方法。

4.2 动物基因组 DNA 的提取技术

不同种类的生物(植物、动物、微生物)的基因组 DNA 的提取方法有所不同;同一种类生物的不同组织因其细胞结构及所含的成分不同,DNA 的分离方法也有差异。DNA 在生物体内是以与蛋白质形成复合物的形式存在的。核酸与蛋白质之间的结合力包括离子键、氢键、范德华力等,破坏或降低这些结合力就可把核酸与蛋白质分开。

动物细胞基因组 DNA 的分离与纯化的方法主要有酚抽提法、甲酰胺解聚法、玻棒缠绕法以及各种快速方法。一般哺乳动物细胞基因组 DNA 有 $10^7 \sim 10^9$ bp,可以从新鲜组织、培养细胞或低温保存的组织细胞中提取,常是在 EDTA 以及 SDS 等试剂存在下用蛋白酶 K 消化细胞,随后用酚抽提而实现的。本章以哺乳动物组织为例,介绍用酚抽提法抽提新鲜动物组织和血液标本的基因组 DNA。

实验 6　动物组织基因组 DNA 的提取

【实验目的】

(1)掌握蛋白酶 K 和酚抽提法提取动物组织基因组 DNA 的原理。

(2)掌握采用蛋白酶 K 和酚抽提法提取动物组织基因组 DNA 的方法及操作过程。

(3)熟练掌握琼脂糖凝胶电泳的操作过程。

【实验原理】

本实验采用蛋白酶 K 和酚抽提法提取动物组织基因组 DNA,主要原理如下:

(1)细胞的破碎。同实验 4"实验原理"(1)。

(2)细胞的裂解、DNA 的释放及 RNA 的去除。在动物组织基因组 DNA 提取缓冲液中含有 SDS、EDTA 和 RNase,其原理同实验 4"实验原理"(3)和(6),可使 DNA 游离出来。同时,采用添加蛋白酶 K 的方法使 DNA 上的蛋白质去除,DNA 释放。蛋白酶 K 能在 SDS 和 EDTA 存在下降解蛋白质成小肽或氨基酸,可以消化 DNA 酶及 DNA 上的蛋白质,释放 DNA。

(3)DNA 的纯化、DNA 的分离。同实验 4"实验原理"(4)和(5)。

【实验材料、试剂及仪器】

1.实验材料

新鲜或 $-70\ ℃$ 保存的小鼠肝、肾、脾等器官组织。

2.实验试剂

(1)DNA 提取缓冲液:10 mmol/L Tris-HCl(pH 8.0),0.1 mol/L EDTA(pH 8.0),0.5% SDS,121 ℃高温灭菌 20 min,冷却后添加 20 μg/mL 胰 RNA 酶,备用。

(2)蛋白酶 K:用无菌双蒸水配成 20 mg/mL 的储存液(分装成小管),不需灭菌,存于 $-20℃$。

(3)Tris 饱和酚。

(4)酚/氯仿/异戊醇 $(V:V:V=25:24:1)$。

(5)异丙醇。

(6)70%乙醇:70 mL 无水乙醇用无菌水定容至 100 mL。

(7)TE 缓冲液:10 mmol/L Tris-HCl (pH 8.0),1 mmol/L EDTA (pH 8.0),121 ℃高压灭菌 20 min,备用。

(8)琼脂糖凝胶电泳相关试剂:参照实验 2。

3. 实验仪器

台式高速离心机(每 8 人 1 台)　　　　　　1 mL 和 200 μL 无菌吸头(每人 10 支)

恒温水浴锅(每 8 人 1 台)　　　　　　　　无菌牙签(每人 2 根)

剪刀(每 4 人 1 把)　　　　　　　　　　　液氮(全班 1 罐)

陶瓷研钵(每 2 人 1 只)　　　　　　　　　吸水纸(每 4 人 1 卷)

1.5 mL 无菌离心管(每人 4 支)　　　　　　镊子(每 4 人 1 把)

移液器(每 2 人 1 套)　　　　　　　　　　琼脂糖凝胶电泳相关仪器:参照实验 2

【实验步骤】

(1)将新鲜切取或 −70 ℃冷冻的 0.5 g 左右组织样品在液氮中研磨粉碎,加入 1.0 mL DNA 提取缓冲液,转移至 1.5 mL 离心管中,将细胞混悬液置于 65 ℃水浴中,水浴 30 min。

(2)取出离心管后,加入蛋白酶 K 至终浓度为 100 μg/mL,混匀,将离心管再次置于 65 ℃水浴中,水浴 1 h,其间不时地旋动该黏滞溶液。

(3)将溶液冷却至室温,加入 200 μL 的 Tris 饱和酚,缓慢来回颠倒离心管 10 min,充分混合两相至呈乳白色(酚的 pH 值必须接近 8.0),10000 r/min 离心 10 min,小心地将上清液移至新的离心管中。

(4)加入等体积的酚/氯仿/异戊醇,充分混匀至乳白色,12000 r/min 离心 5 min,将上清液移至新的离心管中。

(5)加入等体积的异丙醇,颠倒混匀,室温放置 20 min,12000 r/min 离心 15 min,弃上清液。

(6)加入 500 μL 70%乙醇洗沉淀,直接倒去乙醇,再离心 30 s,使管壁上的乙醇聚集管底,用枪头吸去多余的乙醇,将离心管放置在滤纸上,室温下蒸发痕量的乙醇 10~15 min。

(7)加入 50 μL 双蒸水或 TE 缓冲液溶解沉淀,−20 ℃保存备用。

(8)取 10 μL 样品进行 0.8%琼脂糖凝胶电泳检测(参照实验 2)。

【实验注意事项】

(1)本实验获得的 DNA,大小为 100~150 kb,适用于 Southern 杂交和用噬菌体构建基因组 DNA 文库。

(2)实验所提取的是大分子 DNA,操作时各步动作均要轻柔,以防 DNA 断裂。用于 Southern 杂交的 DNA 浓度最好配成 1 μg/mL。若 DNA 浓度太低,可对 DNA 进行浓缩,如用乙醇再沉淀后用较少的 ddH_2O 再溶解。

(3)一般情况下,纯净的 DNA 的 OD_{260}/OD_{280} 比值约为 1.8,纯净的 RNA 的比值为 2.0。若样品中含蛋白质,则比值下降,必要时需重新抽提。若 DNA 的比值<1.75,则加入 SDS 至终浓度为 0.5%,重复"实验步骤"(2)~(6)。

(4)苯酚具有强腐蚀性,能引起皮肤严重烧伤,操作时应戴手套及护目镜。若皮肤触及苯酚应立即用大量清水冲洗,再用肥皂水浸泡,忌用乙醇擦洗。市售苯酚若呈粉红色或黄色,以及呈结晶态,则需 160 ℃重蒸,去除杂质后方可使用。否则,这些杂质会引起 DNA 降解以及导致 RNA 和 DNA 交联。苯酚使用前需用 0.5 mol/L Tris-HCl (pH8.0)抽提数次,以使苯酚的 pH 值平衡至 7.8 以上,减少 DNA 在酚相中的溶解度。平衡酚里常加入

8-羟基喹啉至终浓度为 0.1%,使无色的苯酚变为黄色,有利于抽提时水相和有机相的分辨;同时,8-羟基喹啉既能抗氧化,有又能作为金属离子的弱螯合剂。

(5)同实验 4"实验注意事项"(1)、(2)、(4)、(6)。

【典型实验结果分析】

1.理想实验结果(见图 4.1,泳道 2)

基因组 DNA 片段完整,纯度高。

2.典型实验结果 1(见图 4.1,泳道 1)

条带呈弥散状,未见大片段 DNA,表明 DNA 被降解。解决办法:重新提取,注意操作要温和,保证试剂无 DNase 污染。

3.典型实验结果 2(见图 4.1,泳道 3)

基因组 DNA 片段完整,但有明亮拖尾,表明有 RNA 污染。解决办法:加 RNase A 重新水浴处理。

4.典型实验结果 3(见图 4.1,泳道 4)

基因组 DNA 片段较少,加样孔内有亮带,表明有蛋白质、RNA 污染。解决办法:依次用酚/氯仿/异戊醇、氯仿/异戊醇抽提,去除蛋白质;加 RNase A 重新水浴处理去除 RNA。

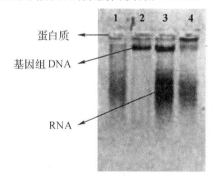

图 4.1　动物组织基因组 DNA 琼脂糖凝胶电泳结果

1～4:动物组织基因组 DNA

【实验讨论】

问题 1:为什么酚/氯仿/异戊醇抽提后,其上清液太黏不易吸取?

答:上清液中 DNA 的浓度较高,故黏度高,可加大抽提前缓冲液的量或减少所取组织的量。

问题 2:如何正确溶解 DNA 沉淀?

答:用 TE 溶解 DNA,可增加 DNA 的稳定性,便于长期保存;用 ddH$_2$O 溶解可避免 TE 缓冲液中所含的 EDTA 对 Southern 杂交实验中内切酶活力的影响。

【参考文献】

[1] 萨姆布鲁克 J,弗里奇 E F,曼尼阿蒂斯 T.分子克隆实验指南.2 版.金冬雁,黎孟枫,译.北京:科学出版社,1993.

[2] 马拉森斯基 G M.分子生物学精要.4 版.魏群,等,译.北京:化学工业出版社,2005.

[3] Paolella P. Introduction to Molecular Biology. New York:McGraw-Hill,1997.

实验 7　血液基因组 DNA 的提取

【实验目的】

(1) 掌握酚抽提法提取血液基因组 DNA 的原理。

(2) 掌握采用酚抽提法从血液标本中提取 DNA 的方法及操作过程。

(3) 熟练掌握琼脂糖凝胶电泳的操作过程。

【实验原理】

本实验采用酚抽提法提取血液基因组 DNA,主要原理如下:

(1)白细胞的收集。人类和哺乳动物等血液中的基因组 DNA 主要存在于白细胞中,故提取基因组 DNA 前应裂解红细胞,收集白细胞后,再在 SDS 和 EDTA 作用下得到白细胞裂解液。

(2)细胞的裂解、DNA 的释放、RNA 的去除、DNA 的纯化、DNA 的分离。同实验 6"实验原理"(2)和(3)。

【实验材料、试剂及仪器】

1.实验材料

新鲜或冷藏保存的血液标本。

2.实验试剂

(1)酸性柠檬酸葡萄糖溶液 B(ACD 溶液):0.48%(m/V)柠檬酸,1.32%(m/V)柠檬酸钠,1.47%(m/V)葡萄糖,无菌水配制。

(2)磷酸缓冲液(PBS):800 mL 蒸馏水中加入 8.79 g NaCl、0.27 g KH_2PO_4、1.14 g 无水 NaH_2PO_4,用 HCl 调 pH 值至 7.4,定容至 1 L,121 ℃高压灭菌 20 min。

(3)裂解缓冲液:10 mmol/L Tris-HCl (pH 8.0),0.1 mol/L EDTA (pH 8.0),0.5%(m/V) SDS,121 ℃高温灭菌 20 min,备用。

(4)蛋白酶 K:用无菌双蒸水配成 20 mg/mL 的储存液(分装成小管),不需灭菌,存于-20℃。

(5)Tris 饱和酚。

(6)异丙醇。

(7)70％乙醇:70 mL 无水乙醇用无菌水定容至 100 mL。

(8)含 10 μg/mL RNase A 的 TE 缓冲液:10 mL TE 缓冲液[10 mmol/L Tris-HCl (pH 8.0),1 mmol/L EDTA (pH 8.0),121 ℃高压灭菌 20 min,备用]中加入 10 mg/mL RNase A 溶液 10 μL。

(9)琼脂糖凝胶电泳相关试剂:参照实验 2。

3. 实验仪器

台式高速离心机(每 8 人 1 台)	1 mL 和 200 μL 无菌吸头(每人 10 支)
恒温水浴锅(每 8 人 1 台)	无菌牙签(每人 2 根)
剪刀(每 4 人 1 把)	液氮(全班 1 罐)
陶瓷研钵(每 2 人 1 只)	吸水纸(每 4 人 1 卷)
1.5 mL 无菌离心管(每人 4 支)	镊子(每 4 人 1 把)
移液器(每 2 人 1 套)	琼脂糖凝胶电泳相关仪器:参照实验 2

【实验步骤】

(1) 血液标本的收集与裂解(在无菌条件下收集血液标本)。

①新鲜血液标本。收集方式:20 mL 血液标本中加入 3.5 mL ACD 抗凝。裂解方式:将抗凝血转入离心管,4 ℃、2500 r/min 离心 15 min,吸去上层血浆,小心吸取淡黄色白细胞层悬浮液,将其转入新的离心管,重复离心 1 次,吸出淡黄色悬浮层,重新悬浮于 15 mL 裂解缓冲液中,37 ℃水浴保温 1 h,得到细胞裂解液。

②冷藏血液标本。收集方式:20 mL 血液标本中加入 3.5 mL ACD 抗凝后冷藏或冷冻保存。裂解方式:将解冻后的抗凝血转入离心管,加入等体积 PBS 溶液,室温、7000 r/min 离心 15 min,吸去含有裂解红细胞的上清液,重新悬浮细胞沉淀于 15 mL 裂解缓冲液中,37 ℃水浴保温 1 h,得到细胞裂解液。

(2) 在细胞裂解液中加入蛋白酶 K 至终浓度为 100 μg/mL,混匀,将离心管置于 65 ℃水浴中,水浴 1 h,其间不时地旋动该黏滞溶液。

(3) 将溶液冷却至室温,加入等体积的 Tris 饱和酚,缓慢来回颠倒离心管 10 min,充分混合两相(酚的 pH 值必须接近 8.0),10000 r/min 离心 10 min,小心吸取上清液,将其移至洁净的离心管中。

(4) 用酚重复抽提 2 次,取水相于新的离心管中。

(5)加入等体积的异丙醇沉淀核酸,室温放置 20 min 后,12000 r/min 离心 15 min,弃上清液。

(6) 用 500 μL 70％乙醇洗沉淀 2 次,直接倒去乙醇,再离心 30 s,使管壁上的乙醇聚集管底,用枪头吸去多余的乙醇,将管放置在滤纸上,室温下蒸发痕量的乙醇 10～15 min。

(7) 加入 50 μL 含 10 μg/mL RNase A 的 TE 缓冲液溶解沉淀,37 ℃水浴保温 30 min,−20 ℃保存备用。

(8) 吸取 10 μL 样品进行琼脂糖凝胶电泳检测(参照实验 2)。

【实验注意事项】

(1) 参考实验 6"实验注意事项"(1)～(4)。

(2) 血液样品反复冻融,会导致提取的 DNA 片段较小,且提取量下降。所得基因组 DNA 也应尽可能避免反复冻融,以免断裂。

(3) 血液样品的保存方法一般有以下 2 种:

①短期保存。已加入抗凝剂的血液样品在 2～8 ℃最多储存 10 天。某些实验(如 Southern 杂交等)需要完整的基因组 DNA,则血液样品在 2～8 ℃储存不超过 3 天,使基因组 DNA 的降解程度较轻。

②长期保存。已加入抗凝剂的血液置于－70 ℃保存。如提取的是大分子 DNA,推荐使用 EDTA 作为抗凝剂。

【典型实验结果分析】

同实验 6"典型实验结果分析"。

【实验讨论】

问题:所有的血液均需要进行白细胞分离实验吗?

答:人类和哺乳类动物血液中的红细胞(RBC)为无核细胞,提取基因组 DNA 时需首先裂解红细胞,收集白细胞;而鸟类、鱼类、两栖类及爬行类动物血液中的红细胞为有核细胞,不需要进行白细胞分离,因此其血液的起始用量应为无核红细胞血液用量的 1/20～1/10。

【参考文献】

[1] 沃兴德.生物学实验教程.杭州:浙江科学技术出版社,2009.

第 5 章

微生物基因组 DNA 的提取及鉴定

5.1 微生物基因组 DNA

微生物是包括细菌、病毒、真菌以及一些小型的原生动物等在内的一大类生物群体。它个体微小,却与人类生活密切相关。微生物在自然界中可谓"无处不在",涵盖了有益有害的众多种类,广泛涉及健康、医药、工农业、环保等诸多领域。微生物能够致病,能够造成食品、布匹、皮革等发霉腐烂。但也有很多微生物对人类是有益的。如一些微生物被广泛应用于工业发酵,生产乙醇、食品及各种酶制剂等;一部分微生物能够降解塑料,处理废水废气等,它们被称为环保微生物;还有一些能在极端环境(如高温、低温、高盐、高碱以及高辐射等普通生命体不能生存的环境)中生存的微生物。

由于微生物相对于其他生物体而言结构简单,其基因组 DNA 也较小,如谷氨酸菌体的 DNA 含量占细胞总量的 7%～10%,面包酵母的 DNA 占 4%,啤酒酵母的 DNA 占 6%,大肠杆菌的 DNA 占 9%～10%。微生物基因组的研究是生物体基因组研究的 1 个重要分支。由于微生物基因组小,研究周期较短,因此微生物基因组研究取得了较大的成果。对微生物基因组进行研究,如果获得高质量的基因组 DNA 是关键。

5.2 微生物基因组 DNA 的提取技术

5.2.1 细菌基因组 DNA 的提取技术

细菌有坚硬的细胞壁,其染色体基因组通常由 1 条环状双链 DNA 分子组成。提取细菌基因组 DNA 首先要破碎细胞。常用的方法有 3 种:①机械法,包括超声波处理法、研磨法、匀浆法；②化学试剂法，即用 SDS 处理细胞；③酶解法，即加入溶菌酶(lysozyme)或蜗牛酶(snailase)，可使细胞壁破碎。

5.2.2　酵母基因组 DNA 的提取技术

　　提取酵母基因组 DNA 一般是用溶壁酶(lyticase)来破碎酵母，用高效裂解液裂解以后，DNA 被释放到缓冲液中，加入蛋白沉淀液能够最大限度地除去溶液中的蛋白质、多糖等杂质，最后通过异丙醇沉淀、70％乙醇漂洗得到纯净的基因组 DNA。但溶壁酶价格非常昂贵，并且不容易买到，所以对研究酵母造成一定的麻烦。

5.2.3　环境微生物总 DNA 的提取技术

　　自然环境中的微生物仅 0.01％～1％是可以培养的，大部分处于不可培养状态，这成为目前微生物多样性研究的 1 个限制性因素。从环境样品中高效地获得可进行分子生物学操作的混合基因组 DNA 是在基因水平上研究不可培养微生物的关键。尤其是土壤，理化成分复杂，常含有腐殖酸等影响 DNA 分子操作的物质，因此从土壤环境中高效地获得微生物基因组 DNA 具有相当大的难度。

　　目前，从土壤样品中提取微生物总 DNA 的方法可分为 2 类：一类是间接提取法，即采用差速离心等物理方法将微生物细胞从样品中分离出来，再用较温和的方法抽提 DNA。另一类是直接提取法，即直接运用各种物理、化学、生物方法裂解土壤样品中的微生物细胞，再抽提总 DNA。其中，物理破碎法包括均质珠子研磨振荡、液氮研磨、冻融、煮沸、超声波、微波加热等；化学裂解法则经常采用去污剂(如 SDS、Sarkosyl、CTAB 等)来裂解细胞；生物酶解法则采用溶菌酶、蛋白酶 K 等来水解细胞壁和蛋白质，从而提取 DNA。由于土壤样品非常复杂，单独采用某一方法裂解均不能达到满意的效果，因此要通过多种方法的组合，以达到理想的裂解效果。如玻璃珠研磨振荡/溶菌酶/SDS 组合可以得到高产量和高纯度的DNA。直接从土壤中抽提 DNA 更能代表样品中的微生物群落，能够比较全面地反映土壤微生物的多样性。但是由于土壤中存在较多的抑制剂(如腐殖酸、褐菌酸等)，它们可以与DNA 结合，随着 DNA 共沉淀，影响后续的分子生物学实验的操作，所以实验常需做进一步的纯化。

　　本章介绍了 1 种结合物理法(冻融和超声波)、化学法(CTAB)及生物法(溶菌酶、蛋白酶 K)的改进的提取土壤微生物总 DNA 的方法。此法综合多种方式去除土壤中的腐殖酸，具有较高的 DNA 得率，且所得 DNA 纯度与质量较高，可直接应用于后续的分子生物学操作(如酶切和 PCR 扩增等)。

实验 8　大肠杆菌基因组 DNA 的提取

【实验目的】

（1）掌握溶菌酶–CTAB–蛋白酶 K 法提取大肠杆菌基因组 DNA 的原理。

（2）掌握采用溶菌酶–CTAB–蛋白酶 K 法提取大肠杆菌基因组 DNA 的方法及操作过程。

（3）熟练掌握琼脂糖凝胶电泳的操作过程。

【实验原理】

本实验采用溶菌酶–CTAB–蛋白酶 K 法提取大肠杆菌基因组 DNA，主要原理如下：

（1）细菌的收集。本实验采用离心法收集大肠杆菌细胞。

（2）细胞的裂解、DNA 的释放。本实验采用溶菌酶–CTAB–蛋白酶 K 的方法使大肠杆菌的细胞裂解，DNA 释放出来。其中，溶菌酶又称胞壁质酶（muramidase）或 N-乙酰胞壁质聚糖水解酶（N-acetylmuramide glycanohydrlase），是 1 种能水解致病菌中黏多糖的碱性酶，主要通过破坏细胞壁中的 N-乙酰胞壁酸和 N-乙酰氨基葡糖之间的 β-1,4-糖苷键，使细胞壁不溶性黏多糖分解成可溶性糖肽，导致细菌细胞壁破裂，内容物逸出，从而使细菌溶解；CTAB 为去污剂，能溶解细胞膜和核膜蛋白，破坏细胞膜，同时可使核蛋白解聚，从而使 DNA 得以游离出来；蛋白酶 K 去除 DNA 上结合的蛋白质，使 DNA 释放出来。

（3）DNA 的纯化。本实验采用氯仿/异戊醇抽提去除蛋白质。其原理同实验 4"实验原理"（4）。

（4）DNA 的分离与 RNA 的去除。同实验 4"实验原理"（5）和（6）。

【实验材料、试剂及仪器】

1.实验材料

在 LB 液体培养基中培养过夜的大肠杆菌培养液 5 mL。

2.实验试剂

（1）DNA 提取缓冲液：100 mmol/L Tris-HCl（pH 8.0），100 mmol/L EDTA-Na₂（pH 8.0），100 mmol/L 磷酸钠缓冲液（pH 8.0），1.5 mol/L NaCl，1% CTAB。

（2）溶菌酶：用无菌双蒸水配成 50 mg/mL 的储存液（分装成小管），不需灭菌，存于−20 ℃。

（3）蛋白酶 K：用无菌双蒸水配成 20 mg/mL 的储存液（分装成小管），不需灭菌，存于−20 ℃。

（4）氯仿/异戊醇（$V:V=24:1$）。

（5）异丙醇。

（6）70%乙醇：70 mL 无水乙醇用无菌水定容至 100 mL。

（7）含 10 μg/mL RNase A 的 TE 缓冲液：10 mL TE 缓冲液［10 mmol/L Tris-HCl（pH 8.0），1 mmol/L EDTA（pH 8.0），121 ℃高压灭菌 20 min，备用］中加入 10 mg/mL RNase A溶液 10 μL。

（8）琼脂糖凝胶电泳相关试剂：参照实验 2。

3. 实验仪器

台式高速离心机（每 8 人 1 台）　　　　1 mL 和 200 μL 无菌吸头（每人 10 支）

恒温水浴锅（每 8 人 1 台）　　　　　　吸水纸（每 4 人 1 卷）

1.5 mL 无菌离心管（每人 4 支）　　　　琼脂糖凝胶电泳相关仪器：参照实验 2

移液器（每 2 人 1 套）

【实验步骤】

（1）取 1.5 mL 大肠杆菌培养物至 1.5 mL 离心管中，10000 r/min 离心 5 min，弃上清液，取沉淀重新悬浮于 0.5 mL DNA 提取缓冲液中，搅拌均匀。

（2）加入溶菌酶至终浓度为 1 mg/mL，37 ℃水浴 1 h，其间颠倒 3 次。

（3）加入蛋白酶 K 至终浓度为 100 μg/mL，65 ℃水浴 1 h 后，12000 r/min 离心 10 min，取上清液，置于 1.5 mL 离心管中。

（4）加入等体积的氯仿/异戊醇，颠倒数次成乳白色后，10000 r/min 离心 5 min，取上层清液至新的 1.5 mL 离心管中。

（5）加入异丙醇 300 μL，室温放置 30 min 或 −20 ℃放置 2 h 后，12000 r/min 离心 10 min，弃上清液，取沉淀。

（6）加入 500 μL 70%乙醇，放置室温放置 2 min 后，12000 r/min 离心 5 min，弃上清液，取沉淀。

（7）加入 30 μL 含 10 μg/mL RNase A 的 TE 缓冲液，37 ℃水浴 1 h。

（8）取 10 μL 样品进行 0.8%琼脂糖凝胶电泳检测（参照实验 2）。

【实验注意事项】

（1）用于提取 DNA 的大肠杆菌细胞不可太多，一般 1.5 mL 的过夜培养物就足够了，太多会导致细胞裂解不完全，裂解液较黏稠，提取出来的 DNA 杂质较多。

（2）大肠杆菌细胞重悬于提取缓冲液后要用吸头或牙签搅拌均匀，肉眼不可看到细胞团块存在，否则也会导致细胞裂解不完合，导致 DNA 得率低或质量差。

（3）同实验 4 "实验注意事项"（6）。

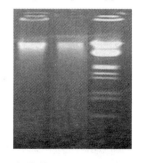

图 5.1　大肠杆菌基因组 DNA 琼脂糖凝胶电泳结果

M：DNA 分子大小标准参照物；

1～2：大肠杆菌基因组 DNA

【典型实验结果分析】

1. 理想实验结果（见图 5.1，泳道 2）

DNA 分子大于 23 kb，条带清晰，可直接用于后续的分子生物学操作。

2.典型实验结果(见图 5.1,泳道 1)

DNA 分子大小正常,条带也较清晰,但条带的亮度较弱,表明 DNA 量较少。解决办法:增加大肠杆菌细胞数量,重新提取;注意细胞重悬完全,不存在团块。

【参考文献】

[1] 李钧敏.土壤可培养细菌 DNA 的提取及 RAPD 条件的优化.微生物学通报,2003,30(5):5-9.

实验 9　酵母基因组 DNA 的提取

【实验目的】

(1)掌握酵母基因组 DNA 提取的原理。
(2)掌握酵母基因组 DNA 提取的方法及操作过程。
(3)熟练掌握琼脂糖凝胶电泳的操作过程。

【实验原理】

酵母是单细胞真核生物,细胞膜外有细胞壁,抽提酵母基因组 DNA 的关键是破坏细胞外的细胞壁。酵母裂解酶(Zymolyase)或溶壁酶具有酵母细胞壁酶的活性,本方法采用蜗牛酶处理去除酿酒酵母细胞壁。去壁后的酿酒酵母细胞用 SDS 溶液处理,使细胞破裂,并使蛋白质变性,释放基因组 DNA,再利用乙酸钾溶液低温处理,使基因组 DNA 充分复性,溶解于水,最终通过乙醇沉淀获得基因组 DNA。这一方法避免使用酚和氯仿等有机溶剂,操作更为简单、安全。

【实验材料、试剂及仪器】

1.实验材料

酿酒酵母菌株 CJY151(其他酿酒酵母菌株亦可)。

2.实验试剂

(1)YPD 培养基:1% 酵母抽提物(yeast extract),2% 蛋白胨(peptone),2% 葡萄糖,低温灭菌 20 min。

(2)20 mg/mL Zymolyase(酵母裂解酶)溶液:购自日本 Seikagaku 公司或美国 Sigma 公司。

(3)溶液 A:1 mol/L 山梨糖醇,100 mmol/L EDTA(pH 8.0)。

(4)溶液 B:250 mmol/L EDTA (pH 8.0),400 mmol/L Tris-HCl(pH 8.0),2% SDS。

(5)5 mol/L KAc 溶液:49.1 g 乙酸钾溶解于 100 mL 去离子水中,于 4 ℃储存。

(6)无水乙醇。

(7)70％乙醇：70 mL 无水乙醇用无菌水定容至 100 mL。

(8)含 10 μg/mL RNase A 的 TE 缓冲液：10 mL TE 缓冲液［10 mmol/L Tris-HCl (pH 8.0)，1 mmol/L EDTA (pH 8.0)，121 ℃高压灭菌 20 min，备用］中加入 10 mg/mL RNase A 溶液 10 μL。

(9)TE 缓冲液 (pH 7.5)：10 mmol/L Tris-HCl (pH 7.5)，1 mmol/L EDTA (pH 8.0)，121 ℃高压灭菌 20 min，备用。

(10)琼脂糖凝胶电泳相关试剂：参照实验 2。

3.实验仪器

台式高速离心机(每 8 人 1 台)　　　　1 mL 和 200 μL 无菌吸头(每人 10 支)

恒温水浴锅(每 8 人 1 台)　　　　　　吸水纸(每 4 人 1 卷)

1.5 mL 无菌离心管(每人 4 支)　　　　琼脂糖凝胶电泳相关仪器：参照实验 2

移液器(每 2 人 1 套)

【实验步骤】

(1) 接种酿酒酵母菌于 5 mL YPD 液体培养基中，30 ℃振荡培养 36 h 以上，取 1.5 mL 菌液，10000 r/min 离心 2 min，收集菌体，弃上清液。

(2) 加入 500 μL 溶液 A，振荡混匀。

(3) 加入 3 μL 20 mg/mL Zymolyase 溶液，37 ℃温育 1 h 后，5000 r/min 离心 2 min，弃上清液。

(4) 加入 400 μL TE 缓冲液 (pH 7.5)，吹打混匀后，5000 r/min 离心 2 min，弃上清液。

(5) 菌体重悬于 350 μL TE 缓冲液(pH 7.5)中。

(6) 加 90 μL 溶液 B，65 ℃水浴 30 min。

(7) 加入 80 μL 5 mol/L KAc 溶液，4 ℃静置 2 h 后，4 ℃、12000 r/min 离心 5 min。

(8) 上清液转移到 1 mL 无水乙醇中，4 ℃、12000 r/min 离心 5 min，弃上清液。

(9) 沉淀用 0.4 mL 70％乙醇洗 1 次后，4 ℃、12000 r/min 离心 5 min，弃上清液。

(10) 沉淀溶于 40 μL 无菌水中，备用。

(11) 如需去除产物中的 RNA，可加入适量含 10 μg/mL RNase A 的 TE 缓冲液，处理 1 h。

(12) 取 10 μL 样品进行 0.8％琼脂糖凝胶电泳检测(参照实验 2)。

【实验注意事项】

同实验 8"实验注意事项"。

【典型实验结果分析】

1.理想实验结果(见图 5.2，泳道 1)

DNA 分子大于 23 kb，条带清晰，可直接用于后续的分子生物学操作。如果没有进行去除 RNA 的操作，那么在凝胶前端有较大量的 RNA 条带。由于 RNA 的存在不影响后续分子生物学操作，因此在酵母基因组 DNA 抽提过程中，该步骤可以省略。

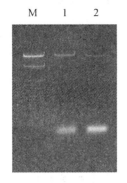

图 5.2   酿酒酵母基因组 DNA
琼脂糖凝胶电泳结果 1

M:DNA 分子大小标准参照物；

1～2:酿酒酵母基因组 DNA(未去除 RNA)

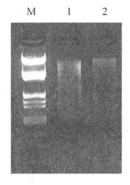

图 5.3   酿酒酵母基因组 DNA 琼脂糖凝胶电泳结果 2

M:DNA 分子大小标准参照物；

1～2:酿酒酵母基因组 DNA,均有一定程度的降解,
其中 1 号孔的降解程度更严重

2.典型实验结果 1(见图 5.3,泳道 2)

DNA 分子大小正常,条带也较清晰,但条带的亮度较弱,表明 DNA 量较少。解决办法:增加大肠杆菌细胞数量,重新提取。

3.典型实验结果 2(见图 5.3,泳道 1)

条带弥散模糊,严重的会出现梯状条带,表明获得的基因组 DNA 被降解。常见的原因有:操作过程中动作过于剧烈,导致基因组 DNA 断裂;用于去除 RNA 的 RNase 中混有DNase。解决办法:重新提取 DNA,注意操作要温和。

【参考文献】

[1]奥斯伯 F M,金斯顿 R E,赛德曼 J G,等.精编分子生物学实验指南.4 版.马学海,舒跃龙,等,译校.北京:科学出版社,2005.

实验 10   环境微生物基因组 DNA 的提取

【实验目的】

(1) 掌握溶菌酶-CTAB-蛋白 K-冻融法提取土壤微生物基因组 DNA 的原理。

(2) 掌握采用溶菌酶-CTAB-蛋白 K-冻融法提取土壤微生物基因组 DNA 的方法及操作过程。

(3) 熟练掌握琼脂糖凝胶电泳的操作过程。

【实验原理】

本实验采用溶菌酶-CTAB-蛋白 K-冻融法提取土壤微生物基因组 DNA,主要原理如下:

(1)土壤微生物的释放。土壤微生物除了吸附于土壤颗粒表面,还较多地存在于土壤间隙。采用 2% 偏磷酸钠为分散剂,配合磁力搅拌器搅拌分散土壤微生物,使其从土壤间隙及颗粒中释放出来。

(2)土壤微生物的洗涤。土壤中含有较多的腐殖质、腐殖酸等杂质,它们容易与微生物细胞中释放中的 DNA 结合,从而降低 DNA 得率及质量,影响后续的分子生物学操作。因此,采用可溶性 PVP 去除土壤中的杂质。

(3)微生物细胞的破碎及 DNA 的释放。土壤中的微生物较难破壁,本实验采用多种物理、化学和生物结合的方法联合破壁和破膜,使 DNA 得以游离出来。化学裂解法包括用溶菌酶破坏细菌细胞壁,采用去污剂 CTAB 破坏细胞膜等;物理破碎法包括用超声波破碎细胞,采用物理冻融法使微生物细胞骤冷骤热而发生破碎;生物酶解法有用蛋白酶 K 去除 DNA 上结合的蛋白质,使 DNA 释放出来。

(4)杂质的去除。CTAB 可以与多糖、变性蛋白细胞碎片结合而形成不溶物,同时也可去除部分腐殖酸。另外,本实验还采用添加 $CaCl_2$ 和小牛血清白蛋白(bovine serum albumin,BSA)以进一步去除腐殖酸。Ca^{2+} 可与 DNA 竞争结合腐殖酸,形成稳定的腐殖酸钙,在后续的处理中再被去除;BSA 可以通过其上富含赖氨酸的阳离子与带负电荷的腐殖酸的可逆结合,降低腐殖酸与 DNA 的结合,同时 BSA 可以封闭其他杂质对酶活性的抑制,避免 DNA 降解,提高 DNA 的纯度与浓度。

(5)DNA 的纯化。本实验采用氯仿/异戊醇抽提去除蛋白质。其原理同实验 4"实验原理"(4)。

(6)DNA 的分离。本实验采用 0.5 体积的 25% PEG 8000 沉淀基因组 DNA,70% 乙醇去除溶于水的盐及杂质。

(7)RNA 的去除。同实验 4"实验原理"(6)。

【实验材料、试剂及仪器】

1.实验材料

各类土壤。采集后过 2 mm 筛,去除石块及枯枝落叶,储存于 -70 ℃ 或冻干备用。

2.实验试剂

(1)土壤洗涤液:2%(m/V)偏磷酸钠(pH 8.5),1%(m/V)聚乙烯吡咯烷酮 K30(polyvinylpyrrolidone,PVP)。

(2)DNA 提取缓冲液:100 mmol/L Tris-HCl(pH 8.0),100 mmol/L EDTA-Na_2(pH 8.0),100 mmol/L 磷酸钠缓冲液,1.5 mol/L NaCl,1% CTAB。

(3)溶菌酶:用无菌双蒸水配成 50 mg/mL 的储存液(分装成小管),不需灭菌,保存于 -20 ℃。

(4)蛋白酶 K:用无菌双蒸水配成 20 mg/mL 的储存液(分装成小管),不需灭菌,存于 -20 ℃。

(5)2% SDS 溶液:用 20% SDS 稀释。

(6)10% $CaCl_2$ 溶液:100 mL 水中溶解 10 g 无水氯化钙,用 0.22 μm 滤膜过滤除菌。

(7)10 mg/mL BSA 溶液:用无菌双蒸水配成 10 mg/mL 的储存液(分装成小管),不需灭菌,存于 -20 ℃。

(8)氯仿/异戊醇($V:V=24:1$)。

(9)异丙醇。

(10)70%乙醇:70 mL 无水乙醇用无菌水定容至 100 mL。

(11)25% PEG 8000:25 g PEG 8000 用无菌水溶解,定容至 100 mL,储存于 4 ℃冰箱,备用。

(12)含 10 μg/mL RNase A 的 TE 缓冲液:10 mL TE 缓冲液[10 mmol/L Tris-HCl (pH 8.0),1 mmol/L EDTA (pH 8.0),121 ℃高压灭菌 20 min,备用]中加入 10 mg/mL RNase A 溶液 10 μL。

(13)琼脂糖凝胶电泳相关试剂:参照实验 2。

3. 实验仪器

台式高速离心机(每 8 人 1 台)　　　　吸水纸(每 4 人 1 卷)

恒温水浴锅(每 8 人 1 台)　　　　　　磁力搅拌器(每 4 人 1 台)

1.5 mL 和 10 mL 无菌离心管(每人 4 支)　　50 mL 小烧杯(每人 2 只)

移液器(每 2 人 1 套)　　　　　　　　琼脂糖凝胶电泳相关仪器:参照实验 2

1 mL 和 200 μL 无菌吸头(每人 10 支)

【实验步骤】

(1) 取土壤样品 1 g,置于 50 mL 烧杯中,加入 10 mL 土壤洗涤液,磁力搅拌器搅拌 10 min,10000 r/min 离心 5 min,取沉淀。

(2) 加入 10 mL 土壤洗涤液,磁力搅拌器搅拌 10 min,10000 r/min 离心 5 min,弃上清液。

第一次土壤
洗涤

注:以上 2 个步骤也可用下面的步骤代替。取适量的土壤样品置于 1.5 mL 离心管中(体积不超过 0.5 mL),加入土壤洗涤液至 1.5 mL。采用反复旋涡振荡与离心管弹匀的方式使土壤与溶液混匀。10000 r/min 离心 5 min,弃上清液。

(3) 重复步骤(2)至少 2 次以上或至上清液颜色变淡为止。将土壤沉淀分装于 4 支 1.5 mL 离心管中。

土壤第二次洗涤

三次土壤洗涤结果

(4) 取沉淀重悬于 500 μL DNA 提取缓冲液中,加入 10% CaCl$_2$ 至终浓度 2%,加入 10 mg/mL BSA 至终浓度 1 μg/mL,加入溶菌酶至终浓度 1 mg/mL,颠倒混匀,37 ℃水浴 1 h,超声波(50 W)处理 30 min。

(5) 加入蛋白酶 K 至浓度 100 μg/mL,65 ℃水浴 1 h,其间在冰上反复冻融 3 次。

(6) 加入等体积的氯仿/异戊醇抽提,颠倒数次至呈乳白色,10000 r/min 离心 5 min,取上层清液至新的 1.5 mL 离心管中。

土壤上清液
移取

（7）加入 0.5 体积的 25% PEG 8000,4 ℃放置过夜,12000 r/min 离心 10 min。

（8）加入 500 μL 70%乙醇,室温放置 2 min,12000 r/min 离心 5 min,弃上清液。

（9）取沉淀,室温晾干,溶于 100 μL 含 10 μg/mL RNase A 的 TE 缓冲液中,37 ℃水浴放置 1 h。

（10）取 10 μL 样品进行 0.8% 琼脂糖凝胶电泳检测（参照实验 2）。

【实验注意事项】

（1）搅拌要充分,以使分布在土壤间隙内或黏附在土壤颗粒上的微生物分散出来,否则会导致 DNA 得率下降。

（2）由于土壤中含有较多的杂质,所以土壤洗涤这一步骤非常关键。对于不同的土壤,洗涤时间不同,要注意摸索。

（3）用于 DNA 提取的土壤不可太多也不可太少,1 g 土壤洗涤完全要分装在 4 支 1.5 mL 离心管中,太多会导致 DNA 裂解不充分,得率低,质量下降;太少的话会导致 DNA 量少,不能满足后续的实验操作。

（4）土壤裂解时,土壤重悬要用吸头或牙签搅拌均匀,肉眼不可看到土壤团块存在,否则也会导致细胞裂解不完合,导致 DNA 得率低或质量差。

（5）同实验 4“实验注意事项”（6）。

【典型实验结果分析】

1. 理想实验结果（见图 5.4）

DNA 分子大于 23 kb,纯度较高,可直接用于后续的分子生物学操作。

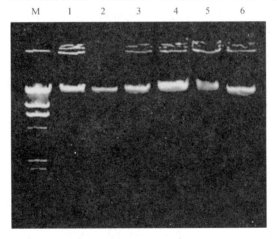

图 5.4　土壤微生物总 DNA 琼脂糖凝胶电泳结果 1

M:DNA 分子大小标准参照物;1~6:土壤微生物总 DNA

2. 典型实验结果 1（见图 5.5,泳道 13）

加样孔很亮,表明有蛋白质污染。解决办法:依次用酚/氯仿/异戊醇、氯仿/异戊醇抽提,去除蛋白质。

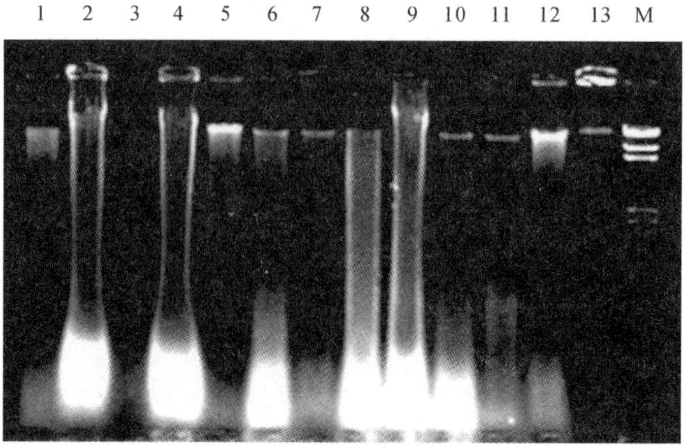

图 5.5 土壤微生物总 DNA 琼脂糖凝胶电泳结果 2

M:DNA 分子大小标准参照物;1~11:土壤微生物总 DNA

3.典型实验结果 2(见图 5.5,泳道 1、5、6、7、10、11、12)

在凝胶前端有 RNA 条带,表明 RNA 未去干净。解决办法:加入 RNase,重新酶解。

4.典型实验结果 3(见图 5.5,泳道 2、4、8、9)

整个泳道中间空心,且肉眼可在凝胶上见到黄褐色,表明有腐殖酸,将 DNA 推向前沿。解决办法:重新提取,增加提取液洗涤次数,必要时可在 4 ℃ 浸泡过夜,特别要注意在进行腐殖酸去除相关的操作时要规范。

5.典型实验结果 4(见图 5.5,泳道 3)

无 DNA。解决办法:重新提取,操作时注意土壤的分散要充分,各步骤的离心速度要照要求设定,上清液的吸取要小心。

6.典型实验结果 5(无电泳条带)

DNA 沉淀呈棕色,难溶解,难以进行酶切及 PCR 扩增,表明 DNA 中含有杂质。解决办法:重新提取,增加提取液洗涤次数,至上清液颜色变淡为止,必要时可在 4 ℃ 浸泡过夜。

【实验讨论】

问题:PEG 8000(聚乙二醇 8000)沉淀法的适用对象及优点有哪些?

答:DNA 溶于水,PEG 8000 可以与水分子结合,破坏 DNA 表面和水的膜,从而使 DNA 沉淀析出。用 PEG 8000 于 4 ℃ 过夜沉淀 DNA 虽然历时较长,但适合于大片段 DNA,尤其是基因组 DNA 的沉淀。虽然此法得到的 DNA 得率略低,但可有效去除腐殖质和腐殖酸。

【参考文献】

[1] 李钧敏,金则新.一种高效可直接用于 PCR 分析的土壤总微生物 DNA 抽提方法.应用生态学报,2006,17(11):2107 - 2111.

第6章

质粒 DNA 的提取及鉴定

6.1 质 粒

质粒是存在于细菌染色体外的能独立复制并稳定遗传的小型双链 DNA 分子。迄今发现的绝大部分质粒为共价闭合环状 DNA。多数质粒只有几千个碱基对,但也有一些质粒达到 100 kb 以上。已发现 50 多个属的细菌内有质粒的存在,在酵母和其他真菌中也发现了质粒。通常,质粒中含有编码某些酶的基因,这些酶在一定的环境下可对宿主菌有利。由质粒产生的表型包括对抗生素的抗性,产抗生素,降解复杂有机化合物,产生细菌毒素、限制性内切酶与修饰酶等。

质粒(如 pUC19 及其衍生质粒)在分子生物学及基因工程中应用广泛。这些质粒具有如下特性。

6.1.1 自主复制性

质粒 DNA 携带有自己的复制起始区(ori)以及一些控制质粒拷贝数的基因,因此它能独立于宿主细胞的染色体 DNA 而自主复制。由于质粒上没有复制酶的基因,所以其复制需要利用宿主细胞的复制机制。针对不同的宿主细胞,需要有相应的复制起始区。有的质粒含有 2 种以上不同的复制起始位点,能在不同的宿主细胞中复制,这样的质粒称为穿梭质粒。

不同的质粒在宿主细胞内的拷贝数也不同,少则几个,多则几百个,质粒的拷贝数取决于其复制子的类型。根据细胞内质粒拷贝数的多少可以将质粒分为严谨型与松弛型。严谨型质粒在每个细胞中拷贝数有限,大约 1 个到几个拷贝;松弛型质粒拷贝数较多,可达几百个。目前作为载体的质粒绝大部分都属于松弛型质粒。

6.1.2 不相容性

利用同一复制系统的不同质粒如果被导入同一细胞中,它们在复制及随后分配到子细胞的过程中就会彼此竞争,在单细胞中的拷贝数也会有差异,拷贝数多的复制更快,结果是在细菌繁殖几代之后,细菌的子细胞中绝大多数都含有占优势的质粒,因而这几种质粒中只能有 1 种长期稳定地留在细胞中,这就是所谓的质粒不相容性。

6.1.3　可转移性

在自然条件下,很多质粒都可以通过接合作用转移到新宿主内。但是,人工质粒由于缺少 1 种转移所必需的 *mob* 基因,不能自身完成从 1 个细菌到另 1 个细菌的接合转移。因此,我们往往通过人工转化将质粒 DNA 导入细胞中。此过程中,可通过物理或者化学的方法处理细菌,使之暂时允许 DNA 通过。要成功进行转化,质粒 DNA 就不可以太大,因此,作为载体的质粒 DNA 大小一般都在 10 kb 以下。

6.1.4　携带特殊的遗传标记

质粒 DNA 上往往携带 1 个或多个遗传标记基因,这使得宿主细胞产生正常生长非必需的附加性状。这些基因包括 2 类:
①物质抗性基因,如抗药性基因、抗重金属离子基因等。
②物质合成基因,如编码氨基酸合成酶基因等。
利用这些标记基因赋予宿主细胞的附加性状,可以区分转入质粒的细胞(转化子)与未转入质粒的细胞(非转化子),从而完成转化子的筛选。

6.1.5　有供外源基因插入的位点——多克隆位点

质粒作为载体,其中 1 个功能就是能够插入外源基因,这一过程中需要对质粒进行限制性酶切,因此,作为工具质粒,需要具备一些单一的限制性酶切位点,供基因克隆操作时进行酶切使用。多克隆位点(multiple cloning site,MCS)是含有多个限制性内切酶位点的 1 段核苷酸序列。人工构建的质粒为了便于进行克隆操作,常常将多个单酶切位点集中在某个很小的区域。

6.2　大肠杆菌质粒 DNA 的提取技术

质粒 DNA 的提取是分子生物学与基因工程操作中最基本的步骤。从细菌(如大肠杆菌)中提取质粒 DNA 的方法很多,这些方法基本都包括 3 个基本步骤:培养细菌使质粒扩增;收集和裂解细菌;分离和纯化质粒 DNA。

6.2.1　大肠杆菌的生长

含有质粒的大肠杆菌需在带有适当抗生素的液体 LB 培养基中培养,以免质粒丢失。现使用的大部分拷贝数较高的松弛型质粒(如 pUC 系列),只要将大肠杆菌接种在标准 LB

培养基中生长到对数期晚期就可以获得大量质粒。对于某些拷贝数较少的质粒（如 pBR322）来说，则需要在已经部分生长的细菌培养物中加入氯霉素（170 μg/mL）继续培养若干小时，以便对质粒进行扩增，氯霉素可以抑制蛋白质的合成，阻止染色体 DNA 的复制，但是松弛型质粒仍然可以继续复制，这样可大大提高质粒的得率。

6.2.2　大肠杆菌的收集和裂解

通过离心可收集大肠杆菌菌体。细胞的裂解可以采用多种方法，如用酶、去污剂、有机溶剂、强碱处理或者加热煮沸处理等。选择哪一种方法取决于质粒的大小、大肠杆菌菌株的特性以及裂解后用于纯化质粒 DNA 的技术。

6.2.3　质粒 DNA 的分离与纯化

大肠杆菌裂解后需将质粒 DNA 从细胞其他成分中分离出来，如有必要还需进一步进行纯化。这一步骤有很多种方法，目前常用的有碱裂解法、煮沸裂解法、溴化乙锭-氯化铯梯度离心法等。它们都利用了质粒 DNA 相对较小及共价闭合环状的特性来进行分离纯化。如碱裂解法利用了质粒 DNA 相对较小、复性较快的特性，将质粒 DNA 与染色体 DNA 分离，特异性地获得质粒 DNA，但是，得到的质粒 DNA 中可能包括超螺旋、线性与开环 3 种结构；溴化乙锭-氯化铯梯度离心法根据完整的质粒 DNA 是共价闭合环状分子，溴化乙锭嵌入碱基之间导致超螺旋增加，阻止溴化乙锭分子继续嵌入，而线性与开环质粒 DNA 分子则不受此限，染料结合量的差别最终导致不同结构的质粒 DNA 在氯化铯梯度中密度不同，从而特异性地纯化超螺旋质粒 DNA。目前最常用的抽提质粒 DNA 的方法是碱裂解法。

实验 11　碱裂解法小量制备质粒 DNA

【实验目的】

（1）掌握碱裂解法小量抽提大肠杆菌质粒 DNA 的原理。
（2）掌握采用碱裂解法从大肠杆菌中小量抽提质粒 DNA 的方法及操作过程。
（3）熟练掌握琼脂糖凝胶电泳的操作过程。

【实验原理】

碱裂解法是 1 种应用最为广泛的抽提质粒 DNA 的方法。其基本原理为：用 NaOH 与 SDS 溶液处理细菌，使细菌细胞破裂，从而使质粒 DNA 以及基因组 DNA 从细胞中同时释放出来。释放出来的 DNA 在强碱性（NaOH）条件下发生变性。再用酸性乙酸钾来中和溶液，使溶液处于中

碱裂解法
小量制备质
粒 DNA 原理

性,质粒 DNA 将迅速复性,而基因组 DNA 因分子较大,难以复性。离心后,复性的质粒DNA 将在上清液中,而基因组 DNA 由于未能充分复性,而且分子体积较大,则与细胞碎片一起沉淀至离心管底部。进一步利用乙醇沉淀上清液中的质粒 DNA,从而可将质粒 DNA从细菌中提取出来。

【实验材料、试剂及仪器】

1. 实验材料

含质粒 pUC19 的大肠杆菌 DH5α(使用其他带氨苄青霉素抗性标记的质粒亦可)。

2. 实验试剂

(1) LB 液体培养基:10 g 细菌培养用胰蛋白胨(tryptone),5 g 细菌培养用酵母抽提物(yeast extract),10 g NaCl,溶于 800 mL 水中,加热溶解后,用 10 mol/L NaOH 调节 pH 值至 7.0,121 ℃高压灭菌 20 min,备用。

(2)50 mg/mL 氨苄青霉素溶液:1 g 氨苄青霉素溶于 200 mL 水中,用 0.22 μm 滤膜过滤除菌,分装至小管中,−20 ℃储存。

(3)溶液 I:50 mmol/L 葡萄糖,25 mmol/L Tris-HCl (pH 8.0),10 mmol/L EDTA (pH 8.0),110 ℃高压灭菌 15 min,备用。

(4)溶液 II:0.2 mol/L NaOH,1% SDS。临用前用 10 mol/L NaOH、20% SDS 现配。

(5)溶液 III:5 mol/L KAc 60 mL,冰醋酸 11.5 mL,H_2O 28.5 mL,定容至 100 mL。溶液终浓度为:$c_{K^+}=3$ mol/L,$c_{Ac^-}=5$ mol/L。

(6)酚/氯仿/异戊醇($V:V:V=25:24:1$)。

(7)含 10 μg/mL RNase A 的 TE 缓冲液:10 mL TE 缓冲液[10 mmol/L Tris-HCl (pH 8.0),1 mmol/L EDTA (pH 8.0),121 ℃高压灭菌 20 min,备用]中加入 10 mg/mL RNase A 溶液 10 μL。

(8)无水乙醇。

(9)70%乙醇:70 mL 无水乙醇用无菌水定容至 100 mL。

(10)琼脂糖凝胶电泳相关试剂:参照实验 2。

3. 实验仪器

台式高速离心机(每 8 人 1 台)　　　　1 mL 和 200 μL 无菌吸头(每人 10 支)
恒温水浴锅(每 8 人 1 台)　　　　　　吸水纸(每 4 人 1 卷)
1.5 mL 无菌离心管(每人 4 支)　　　　琼脂糖凝胶电泳相关仪器:参照实验 2
移液器(每 2 人 1 套)

【实验步骤】

(1) 挑 1 个含质粒的大肠杆菌菌落到 5 mL 含有 50 μg/mL 氨苄青霉素的 LB 液体培养基中,37 ℃振荡培养过夜。

(2) 取 1.5 mL 大肠杆菌培养液至 1.5 mL 离心管中,12000 r/min 离心 1~2 min,弃上清液,收集菌体。

碱裂解法小量制备质粒 DNA 操作

（3）加入 100 μL 溶液 Ⅰ，振荡或用枪头吹打混匀，使菌体充分悬浮。

（4）加入 200 μL 溶液 Ⅱ，温和地上下颠倒两三次，使溶液转变为澄清透明。

（5）溶液 Ⅲ：5 mol/L KAc 60 mL，冰醋酸 11.5 mL，H_2O 28.5 mL，定容至 100 mL。溶液终浓度为：$c_{K^+} = 3$ mol/L，$c_{Ac^-} = 5$ mol/L。

（6）加入 400 μL 的酚/氯仿/异戊醇，振荡混匀，12000 r/min 离心 5 min，吸取上层水相，转移到新的 1.5 mL 离心管中。

（7）加入 1 mL 无水乙醇，混匀，4 ℃、12000 r/min 离心 10 min，弃上清液。

（8）加入 0.5 mL 70% 乙醇，4 ℃、12000 r/min 离心 5 min，弃上清液。

（9）沉淀自然干燥 10 min，加入 20 μL 无菌水或含 10 μg/mL RNase A 的 TE 缓冲液溶解沉淀。

（10）取 5 μL 样品进行 0.8% 琼脂糖凝胶电泳检测（参照实验 2）。

【实验注意事项】

（1）溶液 Ⅱ 中含有 SDS，在室温较低的情况下往往会形成沉淀，使用前需在 37 ℃ 水浴中放置几分钟，待沉淀消失后使用。

（2）加入溶液 Ⅱ 后操作需轻柔，不可剧烈震荡。

（3）酚和氯仿对皮肤有腐蚀性，使用时需注意不要与皮肤直接接触。

（4）在酚/氯仿抽提后吸取上层水相时，注意不要吸到酚和中间层固体物质。

（5）溶液 Ⅰ、Ⅱ、Ⅲ 的体积不可随意更改。

【典型实验结果分析】

1.理想实验结果（见图 6.1）

用碱裂解法提取的 pUC19 质粒有多种构象，在电泳后一般可以看到 2~3 条条带，最明亮的是超螺旋质粒 DNA 条带。

2.典型实验结果 1（见图 6.2，泳道 1）

无质粒条带，同时 RNA 条带较弱，出现这种结果的原因很可能是在乙醇沉淀步骤中不

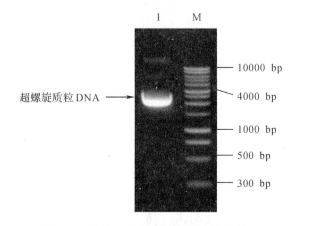

图 6.1　质粒 DNA 琼脂糖凝胶电泳结果 1
1：碱裂解法提取的 pUC19 质粒；M：DNA 分子大小标准参照物

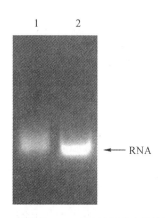

图 6.2　质粒 DNA 琼脂糖凝胶电泳结果 2
1~2：碱裂解法提取的 PUC19 质粒

慎将核酸沉淀随同上清液丢弃。解决办法:重新提取质粒 DNA,注意操作步骤。

3.**典型实验结果 2**(见图 6.2,泳道 2)

质粒条带不明显,但 RNA 条带明亮,出现这种结果的原因有多种,如细胞裂解不充分,质粒复性时间不够等,但也可能是质粒拷贝数不高造成的。解决办法:重新提取质粒 DNA,注意操作步骤;或是在菌株培养过程中添加氯霉素以增加质粒拷贝数;采用 RNase 处理 RNA。

【实验讨论】

问题 1:根据以前学习的生物化学知识,简要分析本实验中用到的各种试剂及其成分的主要作用。

答:溶液 I 中的葡萄糖的作用是增加溶液黏度,有助菌体悬浮,防止因机械剪切而令 DNA 降解;EDTA 可以螯合 Ca^{2+}、Mg^{2+} 等金属离子,降低离子浓度,可抑制 DNase 的作用。

溶液 II 中的 NaOH 可使溶液的 pH 值接近 12.6,使细胞破膜,蛋白质和 DNA 变性;SDS 为阴离子型表面活性剂,可以结合膜蛋白,破坏细胞膜,也可与蛋白质形成复合物,使蛋白质变性沉淀。

溶液 III 的 pH 为 4.8,可中和溶液 II,使质粒 DNA 复性;3 mol/L KAc 形成的高盐溶液可中和核酸的电荷,有利于变性基因组 DNA、RNA 聚合沉淀;K^+ 可形成溶解度更小的钾盐形式的 SDS-蛋白质复合物,有助于蛋白质等大分子的沉淀。

酚和氯仿可使蛋白质失水变性,离心后因密度不同,溶液分为上层水相、中层蛋白质相、下层酚和氯仿的有机溶剂相。酚变性作用较强,但与水有一定程度的互溶,因此一般预先添加 pH 8.0 的 Tris-HCl 溶液使酚饱和,减少 DNA 的损失,同时在碱性环境中 DNA 比 RNA 更容易游离至水相;氯仿的变性作用没有酚强,但与水不相溶,而与酚相溶。因此,酚与氯仿共同抽提,可在使蛋白质变性的同时一并去除剩余的酚,一般两者以 25:24 的比例混合,常再加入 1 份异戊醇,以降低分子表面张力,防止泡沫产生,并有助于稳定地分相。

乙醇可与水以任意比相互溶,而 DNA 不溶于乙醇,所以乙醇是实验室最常用的 DNA 沉淀剂。本实验中,利用无水乙醇沉淀 DNA,并利用 70% 乙醇洗去 DNA 沉淀中的盐类和有机溶剂等杂质。

无菌水与 TE 缓冲溶液可用于溶解 DNA;TE 缓冲液有助于维持 DNA 的稳定性,宜长期保存 DNA。

问题 2:对于质粒 DNA 的琼脂糖凝胶电泳图谱中的条带,有不同解释:有观点认为,超螺旋质粒 DNA 条带后依次是线性质粒 DNA 条带与开环质粒 DNA 条带;也有观点认为,后面 2 条条带是开环质粒 DNA 条带与部分复制的质粒 DNA 条带,碱裂解法抽提的质粒 DNA 中不含线性质粒 DNA。请问是否可以通过实验验证以上 2 种说法哪种正确?

答:可以将同样的质粒通过限制性内切酶线性化后与未线性化的质粒同时进行电泳,比较线性化后的质粒 DNA 条带与未线性化的质粒 DNA 的第 2 条条带的迁移率是否相同。

【参考文献】

[1] 萨姆布鲁克 J,弗里奇 E F,曼尼阿蒂斯 T. 分子克隆实验指南. 2 版. 金冬雁,黎孟枫,译. 北京:科学出版社,1993.

[2] 马拉森斯基 G M. 分子生物学精要. 4 版. 魏群,等,译. 北京:化学工业出版社,2005.

[3] Paolella P. Introduction to Molecular Biology. New York:McGraw-Hill,1997.

实验 12　试剂盒抽提大肠杆菌质粒

【实验目的】

(1) 了解什么是试剂盒及质粒抽提试剂盒的使用方法。

(2) 掌握采用质粒抽提试剂盒小规模抽提大肠杆菌质粒 DNA 的方法及操作过程。

实验 12　试剂盒抽提
大肠杆菌质粒

(3) 熟练掌握琼脂糖凝胶电泳的操作过程。

【实验原理】

试剂盒是将完成 1 个项目所需要的各种试剂、材料组合在一起,方便实验人员使用的 1 种工具。由于分子生物学实验中用到的试剂种类繁多,配制要求较高,但用量较少,因此,通过试剂盒,可以减轻实验人员的工作量,而且保证实验结果的稳定。

目前市场上用于质粒抽提的试剂盒很多,绝大部分试剂盒均在碱裂解法的基础上,利用硅胶柱吸附质粒 DNA,去除杂质,之后用洗脱缓冲液将吸附的质粒 DNA 洗脱下来。此法所得的质粒 DNA 绝大部分为超螺旋 DNA,纯度较高;同时,此法不需要使用酚、氯仿等有机溶剂,操作更为简便。本实验中,我们以上海生工生物工程技术服务有限公司生产的质粒小量抽提试剂盒为例,进行质粒 DNA 的抽提。

【实验材料、试剂及仪器】

1. 实验材料

含质粒 pEG202 的大肠杆菌 DH5α(使用其他带氨苄青霉素抗性标记的质粒亦可)。

2. 实验试剂

(1)LB 液体培养基:10 g 细菌培养用胰蛋白胨(tryptone),5 g 细菌培养用酵母抽提物(yeast extract),10 g NaCl,溶于 800 mL 水中,加热溶解后,用 10 mol/L NaOH 调节 pH 值至 7.0,121 ℃高压灭菌 20 min,备用。

(2)50 mg/mL 氨苄青霉素溶液:1 g 氨苄青霉素溶于 200 mL 水中,用 0.22 μm 滤膜过滤除菌,分装至小管中,-20 ℃储存。

(3)质粒小量抽提试剂盒:本实验使用上海生工生物工程技术服务有限公司生产的质粒小量抽提试剂盒(Cot. No. BS414-N)。试剂盒中包含 RNase A 溶液、Solution Ⅰ(溶液

Ⅰ)、Solution Ⅱ(溶液Ⅱ)、Solution Ⅲ(溶液Ⅲ)、Wash Solution(洗涤溶液)、Elution Buffer
(洗脱缓冲液)、EZ-10 Column(吸附柱)、2 mL Collection Tube(收集管)。

(4)无水乙醇。

(5)琼脂糖凝胶电泳相关试剂:参照实验2。

3. 实验仪器

台式高速离心机(每8人1台)	1 mL 和 200 μL 无菌吸头(每人10支)
恒温水浴锅(每8人1台)	吸水纸(每4人1卷)
1.5 mL 无菌离心管(每人4支)	琼脂糖凝胶电泳相关仪器:参照实验2
移液器(每2人1套)	

【实验步骤】

(1) 将 RNase A 溶液全部加入溶液Ⅰ中,均匀混合后4 ℃保存。

(2) 在 Wash Solution 中加入4倍体积的无水乙醇。

(3) 从平板培养基上挑选单菌落接种至5 mL 含有50 μg/mL 氨苄青霉素的液体 LB 培养基中,37 ℃过夜培养,取1.5 mL 的过夜培养菌液,12000 r/min 离心2 min,弃上清液。

(4) 用250 μL Solution Ⅰ(含 RNase A),充分悬浮细菌沉淀,静置2 min。

(5) 加入250 μL Solution Ⅱ,轻轻地上下翻转五六次,至溶液呈澄清透明状。

(6) 加入350 μL Solution Ⅲ,温和混匀,静置5 min 后,12000 r/min 离心10 min。

(7) 将试剂盒中的 EZ-10 Column 置于 Collection Tube 上。将步骤(6)的上清液转移至 EZ-10 Column 中,8000 r/min 离心2 min,弃去滤液。

移除剩余
上清液

充分悬浮
细菌沉淀

加入 Solution Ⅱ
和 Solution Ⅲ

转移上清液

(8) 在 EZ-10 Column 中加入500 μL Wash Solution,10000 r/min 离心1 min。

(9) 重复步骤(8)。

(10) 弃去滤液,10000 r/min 再离心2 min,以充分去除 Wash Solution。

(11) 将 EZ-10 Column 转移到1个新的1.5 mL 离心管中,在 EZ-10 Column 中加入50 μL Elution Buffer,静置5 min,10000 r/min 离心2 min,离心管中所得即为质粒 DNA。

质粒 DNA
电泳检测

(12) 取5 μL 样品进行琼脂糖凝胶电泳检测(参照实验2)。

【实验注意事项】

(1)严格按照试剂盒说明书上的操作步骤进行,不可随意更改相关溶液体积及或离心时间、速度等。

(2)在将溶液加入 EZ-10 Column 中时,枪头不要触碰硅胶膜。

(3)同实验11"实验注意事项"(1)和(2)。

【典型实验结果分析】

理想实验结果(见图 6.3)

利用试剂盒抽提获得的大肠杆菌质粒一般纯度较高,没有 RNA 污染,绝大部分质粒都以超螺旋形式存在,因此,在电泳图谱上呈现 1 条清晰明亮的条带。

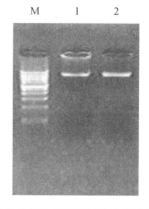

图 6.3　试剂盒抽提大肠杆菌质粒琼脂糖凝胶电泳结果
M:DNA 分子大小标准参照物;
1~2:试剂盒法抽提得到的质粒 pEG202

【实验讨论】

问题:利用试剂盒法抽提大肠杆菌质粒时,能否通过提高大肠杆菌菌量提高质粒的产量?

答:试剂盒法抽提大肠杆菌使用的菌量需参照说明书的要求,对一些细胞内拷贝数较少的质粒,可以适当提高大肠杆菌量,但同时需按比例提高溶液Ⅰ、Ⅱ、Ⅲ的使用量。不过,由于吸附柱吸附的 DNA 的量是有限的,因此一旦吸附柱饱和,即使再提高菌量,也不能提高单个吸附柱上质粒的产量。

【参考文献】

[1] 质粒小量抽提试剂盒(Cot. No.BS414-N)说明书.上海生工生物工程技术服务有限公司.

实验 13　质粒 DNA 的大量制备

【实验目的】

(1) 掌握碱裂解法大规模抽提大肠杆菌质粒 DNA 的原理。
(2) 掌握采用碱裂解法从大肠杆菌中大量抽提质粒的方法及操作过程。
(3) 熟练掌握琼脂糖凝胶电泳的操作过程。

【实验原理】

在分子生物学及基因工程研究中,有时对质粒的需求量比较大,而 1 次小量抽提一般只能从 1~3 mL 菌液中获得 2~10 μg 的质粒 DNA,不能满足需要。因此,有时我们要通过大量制备的方法来提取质粒 DNA。质粒 DNA 的大量制备原理与小量制备基本相同,都是基于碱裂解法,具体可参考实验 11 的"实验原理",一次大量制备往往可以从 50 mL 菌液中获得 200~500 μg 的质粒 DNA。

【实验材料、试剂及仪器】

1. 实验材料

含质粒 pUC19 的大肠杆菌 DH5α(使用其他带氨苄青霉素抗性标记的质粒亦可)。

2. 实验试剂

(1)LB 液体培养基:10 g 细菌培养用胰蛋白胨(tryptone),5 g 细菌培养用酵母抽提物(yeast extract),10 g NaCl,溶于 800 mL 水中,加热溶解后,用 10 mol/L NaOH 调节 pH 值至 7.0,121 ℃高压灭菌 20 min,备用。

(2)50 mg/mL 氨苄青霉素溶液:1 g 氨苄青霉素溶于 200 mL 水中,用 0.22 μm 滤膜过滤除菌,分装至小管中,-20 ℃储存。

(3)溶液 I:50 mmol/L 葡萄糖,25 mmol/L Tris-HCl (pH 8.0),10 mmol/L EDTA (pH 8.0),110 ℃高压灭菌 15 min,备用。

(4)溶液 II:0.2 mol/L NaOH,1% SDS。临用前用 10 mol/L NaOII、20% SDS 现配。

(5)溶液 III:5 mol/L KAc 60 mL,冰醋酸 11.5 mL,H_2O 28.5 mL,定容至 100 mL。溶液终浓度为:c_{K^+}=3 mol/L,c_{Ac^-}=5 mol/L。

(6)溶菌酶:用无菌双蒸水配成 50 mg/mL 的储存液(分装成小管),不需灭菌,存于-20 ℃。

(7)酚/氯仿/异戊醇($V:V:V$=25:24:1)。

(8)TE 缓冲液:10 mmol/L Tris-HCl (pH 8.0),1 mmol/L EDTA (pH 8.0),121 ℃高压灭菌 20 min,备用。

(9)无水乙醇。

(10)70%乙醇:70 mL 无水乙醇用无菌水定容至 100 mL。

(11)琼脂糖凝胶电泳相关试剂:参照实验 2。

3. 实验仪器

台式高速离心机(每 8 人 1 台)	1 mL 和 200 μL 无菌吸头(每人 10 支)
恒温水浴锅(每 8 人 1 台)	吸水纸(每 4 人 1 卷)
1.5 mL 无菌离心管(每人 4 支)	琼脂糖凝胶电泳相关仪器:参照实验 2
移液器(每 2 人 1 套)	

【实验步骤】

(1) 挑 1 个含质粒的大肠杆菌菌落到 50 mL 含 50 μg/mL 氨苄青霉素的 LB 液体培养基中,37 ℃振荡培养过夜。

(2) 取 50 mL 大肠杆菌培养液 10000 r/min 离心 1~2 min,弃上清液,收集菌体。

(3) 加入 1 mL 溶液 I,振荡或用枪头吹打混匀,使菌体充分悬浮。

(4) 加入 100 μL 10 mg/mL 溶菌酶溶液,室温静置 2 min。

(5) 加入 2 mL 溶液 II,温和地上下颠倒两三次,并于室温放置 5~10 min。

(6) 加入 1.5 mL 用冰预冷的溶液 III,上下颠倒数次后,10000 r/min 离心 5 min,小心吸取上清液,转移到 1 个新的 50 mL 离心管中。

(7) 加入等体积的酚/氯仿/异戊醇,振荡混匀,10000 r/min 离心 5 min,吸取上层水相,转移到 1 个新的 50 mL 离心管中。

（8）加入 2 倍体积的无水乙醇，混匀，－20 ℃ 放置 30 min，4 ℃、10000 r/min 离心 10 min，弃上清液。

（9）加入 5 mL 70％乙醇，4 ℃、10000 r/min 离心 5 min，弃上清液。

（10）待沉淀自然干燥后加入 500 μL 无菌水或 TE 缓冲液溶解。

（11）取 10 μL 样品进行琼脂糖凝胶电泳检测（参照实验 2）。

【实验注意事项】

（1）同实验 11"实验注意事项"。

（2）大量抽提使用的菌较多，用溶液 Ⅱ 处理后需待菌液变澄清透明后再加入溶液 Ⅲ。

【典型实验结果分析】

同实验 11"典型实验结果分析"。

【参考文献】

[1] 萨姆布鲁克 J，弗里奇 E F，曼尼阿蒂斯 T. 分子克隆实验指南. 2 版. 金冬雁，黎孟枫，译. 北京：科学出版社，1993.

第 7 章

哺乳动物组织总 RNA 的提取及鉴定

7.1 哺乳动物组织总 RNA

近年来,RNA 领域的研究备受重视,并取得了许多重要进展。按结构与功能的不同,真核生物细胞中的 RNA 可分为 4 类:核糖体 RNA(ribosome RNA,rRNA)、转运 RNA(transfer RNA,tRNA)、信使 RNA(message RNA,mRNA)和细胞内小 RNA。mRNA 携带编码蛋白质的 RNA 信息,占 RNA 总量的 4%,其寿命短,相对分子质量极不均一,其 5'末端具有帽状结构,3'末端具有聚腺苷酸尾巴。tRNA 是细胞内相对分子质量最小的 RNA,占总 RNA 的 10%～15%。rRNA 是细胞内相对分子质量最大的 RNA,代谢最稳定,含量最多,占总 RNA 的 80% 以上。细胞内小 RNA 又称为非 mRNA 小 RNA(small non-messenger RNA,snmRNA),种类繁多,主要包括核内小 RNA、核仁小 RNA、胞质小 RNA、催化小 RNA、小干扰 RNA 和微小 RNA 等,在 RNA 加工、基因表达调控方面具有重要的作用。按功能的不同,RNA 又可分为编码 RNA 和非编码 RNA。编码 RNA 是指mRNA;非编码 RNA 包括 rRNA、tRNA 和 snmRNA。

从真核生物的组织或细胞中提取 mRNA,通过酶促反应反转录合成 cDNA 的第一链和第二链,将双链 cDNA 和载体连接,然后转化扩增,即可获得 cDNA 文库。构建的 cDNA 文库可用于真核生物基因的结构、表达和调控的分析,比较 cDNA 和相应基因组 DNA 序列差异可确定内含子的存在与否和了解转录后加工等一系列问题。

7.2 哺乳动物组织总 RNA 的提取技术

细胞内总 RNA 的提取方法很多,如异硫氰酸胍热苯酚法等。许多公司有现成的总 RNA 提取试剂盒(如 Trizol 试剂盒),可快速有效地提取到高质量的总 RNA。分离总 RNA

的 mRNA 时,可利用 mRNA 3'末端含有 poly A 的特点,用 oligo(dT)纤维素柱分离,当 RNA 流经 oligo(dT)纤维素柱时,在高盐缓冲液作用下,mRNA 被特异地吸附在 oligo(dT)纤维素柱上,然后逐渐降低盐浓度洗脱,在低盐溶液或蒸馏水中,mRNA 被洗下。经过 2 次 oligo(dT)纤维素柱,可得到较纯的 mRNA。纯化的 mRNA 在 70%乙醇中−70 ℃可保存 1 年以上。

7.3　总 RNA 提取中的关键问题

由于 RNA 分子结构容易受 RNA 酶的攻击而降解,加上 RNA 酶极为稳定且广泛存在,因而在提取过程中要严格防止 RNA 酶的污染,并设法抑制其活性,这是实验成败的关键。所有的组织中均存在 RNA 酶,人的皮肤、手指、试剂、容器等均可能被污染,因此在全部实验过程中均需戴手套操作(手套需经常更换,或使用一次性手套)。所用的玻璃器皿需置于干燥烘箱中 200 ℃烘烤 2 h 以上。凡是不能用高温烘烤的材料(如塑料容器等)可用 0.1% DEPC(焦碳酸二乙酯)-H_2O 处理,再用蒸馏水冲净。DEPC 是 RNA 酶的化学修饰剂,它和 RNA 酶的活性基团——组氨酸的咪唑环反应而抑制酶活性。实验所用试剂也可用 DEPC 处理,加入 DEPC 至 0.1%的浓度,然后剧烈振荡 10 min,再煮沸 15 min 或高压灭菌以消除残存的 DEPC,否则 DEPC 也能和腺嘌呤作用而破坏 mRNA 活性。DEPC 与氨水溶液混合会产生致癌物,因而使用时需小心。此外,DEPC 能与胺和巯基反应,因而含 Tris 和 DTT 的试剂不能用 DEPC 处理。0.1% DEPC-H_2O 经高压灭菌去除残存的 DEPC 即为 DEPC 处理水。Tris 溶液可用 DEPC 处理水配制,然后高压灭菌。另外,若配制的溶液不能高压灭菌,也可用 DEPC 处理水配制,并尽可能用未曾开封的试剂。除 DEPC 外,也可用异硫氰酸胍、钒氧核苷酸复合物、RNA 酶抑制蛋白等抑制 RNA 酶。此外,为了避免 mRNA 或 cDNA 吸附在玻璃或塑料器皿管壁上,所有器皿一律需经硅烷化处理。

实验 14　哺乳动物组织总 RNA 的提取

【实验目的】

(1)掌握用 Trizol 试剂提取组织总 RNA 的基本原理。
(2)掌握哺乳动物组织总 RNA 提取的方法及操作过程。
(3)掌握 RNA 电泳的方法及操作过程。

【实验原理】

Trizol 是 1 种新型的总 RNA 提取试剂,内含异硫氰酸胍等物质,能迅速破碎细胞,抑制细胞释放出的核酸酶。Trizol 适用于从各种组织和细胞中快速分离总 RNA。主要原理如下:

哺乳动物组织总 RNA 的提取原理

（1）Trizol 的主要成分是酚、8-羟基喹啉、异硫氰酸胍和 β-巯基乙醇等。酚的主要作用是裂解细胞，使细胞中的蛋白、核酸等内含物解聚并释放出来。酚虽可有效地使蛋白质变性，但是它不能完全抑制 RNA 酶活性。Trizol 中所含的 8-羟基喹啉、异硫氰酸胍和 β-巯基乙醇等的主要作用是抑制内源和外源 RNase。0.1% 的 8-羟基喹啉与氯仿联合使用可增强对 RNase 的抑制；异硫氰酸胍属于解偶剂，是 1 类强力的蛋白质变性剂，可溶解蛋白质，并使蛋白质二级结构消失，细胞结构降解，核蛋白迅速与核酸分离；β-巯基乙醇主要破坏 RNase 蛋白质中的二硫键。

（2）氯仿可以使蛋白质变性，降低蛋白质的溶解度。另外，氯仿还可加速有机相和水相的分层。氯仿还可以去除植物色素、蔗糖及核酸溶液中的痕量的酚。

（3）异丙醇可降低 RNA 在氯仿中的溶解度，是用于沉淀 RNA 的。采用异丙醇沉淀体积小且速度快，主要沉淀 DNA、大分子 rRNA 和 mRNA，对 5S rRNA、tRNA 及多糖不产生沉淀。

（4）采用 70% 乙醇洗涤来溶解一些沉淀中可能的有机物杂质，同时可去除痕量的异丙醇和氯仿等有机溶剂。痕量的乙醇再被挥发。

【实验材料、试剂及仪器】

1. 实验材料

新鲜或 −70 ℃ 保存的小鼠肝、肾、脾等器官组织。

2. 实验试剂

（1）Trizol 试剂：购自上海生工生物工程技术服务有限公司。

（2）氯仿。

（3）异丙醇。

（4）0.1% DEPC-H_2O：在 0.22 μm 滤膜过滤的重蒸水中加入 DEPC 至终浓度 0.1%，搅拌器上搅拌 3 h，37 ℃ 过夜，121 ℃ 高压灭菌 30 min，备用。

（5）70% 乙醇（0.1% DEPC-H_2O 配制）。

（6）琼脂糖凝胶电泳相关试剂（用 0.1% DEPC-H_2O 配制）：参照实验 2。

（7）紫外分光光度法相关试剂：参照实验 1。

3. 实验仪器

低温冷冻台式高速离心机（每 16 人 1 台）　　移液器（每 2 人 1 套）

剪刀（每 4 人 1 把）　　1 mL 和 200 μL 无菌吸头（每人 10 支）

镊子（每 4 人 1 把）　　液氮（全班 1 罐）

陶瓷研钵（每 2 人 1 只）　　吸水纸（每 4 人 1 卷）

无菌无 RNase 1.5 mL 离心管（每人 4 支）　　琼脂糖凝胶电泳相关仪器：参照实验 2

【实验步骤】

（1）用液氮将 0.5 g 新鲜或冷冻组织研磨成粉末（一定要研磨充分），趁液氮还在时将粉末转移至 1.5 mL 离心管中，加入 1 mL 的 Trizol，充分振荡混匀，室温放置 10 min。

哺乳动物组织总
RNA 的提取操作

（2）加入 200 μL 氯仿，剧烈振荡混匀 30 s，室温放置 5 min，4 ℃、12000 r/min，离心 10 min后，将上清液小心地转移到无 RNase 的 1.5 mL 离心管中。

（3）加入与上清液等体积的异丙醇，室温放置 20 min 后，4 ℃、12000 r/min 离心 10 min，小心弃去上清液。

（4）加入 1 mL 70%乙醇洗涤沉淀，弃去乙醇，4 ℃、12000 r/min 离心 1 min，吸除所有残液，室温挥发乙醇 3～5 min。

（5）沉淀用 50 μL 0.1% DEPC-H₂O 溶解，-70 ℃ 保存备用。

（6）取 10 μL 样品进行 1.0% 琼脂糖凝胶（用 0.1% DEPC-H₂O 配制）电泳检测（参照实验 2）。

（7）取 5 μL 样品稀释 100 倍，检测 260 nm 和 280 nm 吸光度，测定其纯度和浓度（参照实验 1）。

①先用 TE 缓冲液进行分光光度计调零，然后取少量 RNA 溶液用 TE 缓冲液稀释（1：100）后，在 260nm 和 280nm 处测定其吸光度。

②计算 RNA 溶液的浓度：OD_{260} 数值为 1 表示 40 μg RNA/mL。

样品 RNA 浓度（μg/mL）＝OD_{260}×稀释倍数× 40 μg/mL

③计算 RNA 溶液的纯度：RNA 溶液的 OD_{260}/OD_{280} 的比值即为 RNA 纯度，比值范围为 1.8～2.1。

【实验注意事项】

（1）所有的玻璃及陶瓷器皿均应在使用前用锡纸包住，于 180 ℃ 的高温下干烤 2 h 或更长时间，烘烤完毕，关电源，待冷却后取出，并将锡纸封紧。

（2）塑料器皿可用 0.1% DEPC-H₂O 浸泡或用氯仿冲洗。有机玻璃器具因可被氯仿腐蚀，故不能使用氯仿。

（3）有机玻璃的电泳槽等可先用去污剂洗涤，双蒸水冲洗，乙醇干燥，再浸泡在 3% H₂O₂ 中室温放置 10 min，然后用 0.1% DEPC-H₂O 冲洗，晾干。

（4）溶液应尽可能用 0.1% DEPC-H₂O 配制，在 37 ℃ 处理 12 h 以上，然后用高压灭菌除去残留的 DEPC。不能高压灭菌的试剂，应当用 DEPC 处理过的无菌双蒸水配制，然后经 0.22 μm 滤膜过滤除菌。

（5）DEPC 能与胺和巯基反应，因而含 Tris 和 DTT 的试剂不能用 DEPC 处理，可用 DEPC 处理水配制。

（6）Trizol 试剂对眼睛有刺激性，能腐蚀皮肤。液氮容易冻伤手。两者用时要小心。整个操作要戴口罩及一次性手套，并尽可能在低温下操作，实验过程中不要跑动，尽量少说话。

（7）为了保证提取的 RNA 的质量，操作过程中每步取液要迅速，加液后迅速盖上离心管盖，振荡。因大家共用枪头、试剂，取枪头、试剂要迅速，取完盖上盖子。

（8）DEPC 闻起来香香甜甜的，但却是 1 种强有力的蛋白质变性剂，而且可能是致癌剂，因此在开瓶时要将瓶子远离操作者，用注射器从瓶塞插入取液，避免因内压导致的溅射。操作时要戴合适的手套，穿工作服，并在化学通风橱里进行。

（9）加氯仿前的匀浆液可在 -70 ℃ 条件下保存 1 个月以上。RNA 沉淀在 70% 乙醇中可在 4 ℃ 保存 1 周，-20 ℃ 保存 1 年。

(10)在进行 RNA 样品制备最后 1 步时,需要去掉洗涤用的乙醇,但注意不可使 RNA 完全干燥,只要可见的乙醇挥发完即可,否则 RNA 不易被溶解。

(11)在"实验步骤"(2)移取上清液时,注意不要吸取中间层的任何物质,否则会出现基因组 DNA 污染。

【典型实验结果分析】

1. 理想实验结果(见图 7.1,泳道 1)

28S 和 18S rRNA 的条带非常亮而浓。还观察到 1 条稍微扩散的条带,它由小分子的 RNA(tRNA 和 5S rRNA)组成。在 18S rRNA 和 28S rRNA 条带之间可以看到一片弥散的 EB 染色物质,可能是由 mRNA 和其他异型 RNA 组成。这说明总 RNA 完整性好,未污染 RNase,但有少量基因组 DNA 及蛋白质污染。解决办法:用氯仿重新抽提 1 次,再沉淀,溶解,去除蛋白质污染;用无 RNA 酶的 DNase I 处理,去除基因组 DNA 污染。

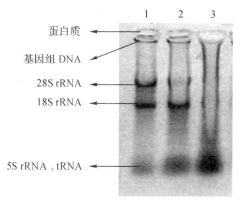

图 7.1 动物组织总 RNA 琼脂糖凝胶电泳结果

1~3:动物组织总 RNA

2. 典型实验结果 1(见图 7.1,泳道 2)

28S rRNA 条带比 18S rRNA 条带淡,说明 RNA 有降解,且有基因组 DNA 及少量蛋白质污染。解决办法:重新抽提。

3. 典型实验结果 2(见图 7.1,泳道 3)

没有出现 3 条 rRNA 条带,仅有快速迁移带,表明 RNA 严重降解。解决办法:重新抽提。

4. 紫外吸收法测定 RNA 浓度与纯度

测量结果(如泳道 1):$OD_{260}=0.32$,$OD_{280}=0.17$。

计算结果:$OD_{260}/OD_{280}=0.32/0.17=1.88$。

$$RNA 的浓度 = 0.32 \times 40 \ \mu g/mL \times 100 = 1.28 \ mg/mL。$$

【实验讨论】

问题 1:为何 RNA 提取得率会低?

答:(1)该组织或者细胞中 RNA 含量偏低:不同细胞和组织中 RNA 的丰度不同。肝脏、胰腺、心脏等是高丰度组织(总 RNA 含量为 2～4 $\mu g/mg$);脑、胚胎、肾脏、肺、胸腺、卵巢等是中丰度组织(总 RNA 含量为 0.05～2 $\mu g/mg$);膀胱、骨、脂肪等是低丰度组织(总 RNA 含量小于 0.05 $\mu g/mg$)。

(2) 组织起始量太少或者太多:样品量过少,则细胞组织中 RNA 含量较低;样品量过多则可能超过裂解液的裂解能力,裂解将不完全,从而导致 RNA 得率低。

问题 2:为何 OD_{260}/OD_{280} 比值偏低?

答:(1) 蛋白质污染:加入氯仿后首先要充分混匀,并且离心分层的离心力和时间要足够,同时在转移上清液时确保不吸入中间层及有机相;或减少起始样品量,确保裂解完全、彻底;可用氯仿重新抽提 1 次,再沉淀,溶解。

(2) 苯酚残留:加入氯仿后首先要充分混匀,并且离心分层的离心力和时间要足够,在转移上清液时确保不吸入中间层及有机相。

(3) 多糖或多酚的残留:一些特殊的组织和植物中,多糖、多酚含量较多,这些残留也会导致 OD_{260}/OD_{280} 比值偏低。因此,从这类材料中提取 RNA 时,需要注意多糖、多酚杂质的去除。

(4) 测定问题:测定 OD_{260} 及 OD_{280} 数值时,要使 OD_{260} 读数在 0.1～0.5。此范围线性最好。若超出此范围,可用 10 mmol/L Tris-HCl(pH 7.5)稀释后重新测定。切勿用水进行稀释,这样做会导致比值偏低。

【参考文献】

[1] 萨姆布鲁克 J,弗里奇 E F,曼尼阿蒂斯 T.分子克隆实验指南.2 版.金冬雁,黎孟枫,译.北京:科学出版社,1993.

第 8 章

PCR 基因扩增及检测

8.1 PCR 技术的原理

聚合酶链式反应(polymerase chain reaction,PCR)是 1 种选择性体外扩增 DNA 或者 RNA 片段的方法。其原理类似于 DNA 的天然复制过程,但 PCR 的反应体系要简单得多,主要包括 DNA 靶序列、与 DNA 靶序列单链 3'末端互补的合成引物、4 种脱氧核苷三磷酸 (dNTP)、耐热 DNA 聚合酶以及合适的缓冲液体系。PCR 反应全过程包括以下 3 个基本步骤:

(1)变性(denaturation)。加热使模板 DNA 在高温下(94 ℃)变性,双链间的氢键断裂,从而形成 2 条单链 DNA 作为反应的模板。

(2)退火(annealing)。将反应体系冷却至特定的温度(引物的 T_m 值左右或以下),模板 DNA 与引物按碱基配对原则互补结合,形成模板-引物复合物。

(3)延伸(elongation)。将反应体系的温度提高到 72 ℃并维持一段时间,耐热 DNA 聚合酶以单链 DNA 为模板,在引物的引导下,利用反应混合物中的 4 种 dNTP,按 5'→3'方向复制出互补 DNA。

上述 3 步即高温变性、低温退火、中温延伸 3 个阶段,为 1 个循环。从理论上讲,每经过 1 个循环,样本中的 DNA 量应该增加 1 倍,新形成的链又可成为新一轮循环的模板,上述 3 个基本步骤构成的循环重复进行(见图 8.1),经过 25～30 个循环后 DNA 可扩增 10^6～10^9 倍。经过扩增后的 DNA 产物大多介于引物与原始 DNA 相结合的位点之间。

8.2 PCR 技术的发展历程

Korana 于 1971 年最早提出核酸体外扩增的设想。

1985 年,美国 PE-Cetus 公司人类遗传研究室的 Mullis 等发明了具有跨时代意义的聚合酶链式反应。其原理类似于 DNA 的体内复制,只是在试管中给 DNA 的体外合成提供 1 种合适的条件——模板 DNA,寡核苷酸引物,DNA 聚合酶,合适的缓冲体系,DNA 变性、复性及延伸的温度与时间。由于 PCR 技术在理论和应用上的跨时代意义,Mullis 获得了 1993 年诺贝尔化学奖。Mullis 最初使用的 DNA 聚合酶是大肠杆菌 DNA 聚合酶 I 的 Klenow片段,其缺点有:①Klenow 酶不耐高温,90 ℃会变性失活,每次循环都要重新加。

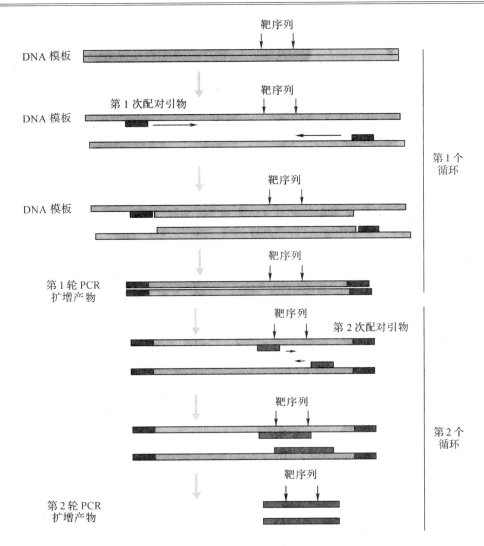

图 8.1　PCR 反应

②引物链延伸反应在 37 ℃下进行,容易发生模板和引物之间的碱基错配,其 PCR 产物特异性较差,合成的 DNA 片段不均一。此种以 Klenow 酶催化的 PCR 技术虽较传统的基因扩增具备许多突出的优点,但由于 Klenow 酶不耐热的缺点,使得 PCR 技术在一段时间内没能引起生物医学界的足够重视。

1988 年初,Keohanog 改用 T4 DNA 聚合酶进行 PCR,其扩增的 DNA 片段很均一,真实性也较高,只产生所期望的 1 种 DNA 片段。但每循环 1 次,仍需加入新酶。

1988 年,Saiki 等从温泉中分离的 1 株水生嗜热杆菌(*Thermus aquaticus*)中提取到1 种耐热 DNA 聚合酶,命名为 *Taq* DNA 多聚酶(*Taq* DNA polymerase)。此酶具有以下特点:①耐高温,在 70 ℃下反应 2 h 后其残留活性大于原来的 90%,在 93 ℃下反应 2 h 后其残留活性是原来的 60%,在 95 ℃下反应 2 h 后其残留活性是原来的 40%。②在热变性时不会被钝化,不必在每次扩增反应后再加新酶。③大大提高了扩增片段特异性和扩增效率,增加了扩增长度(2.0 kb)。由于提高了扩增的特异性和效率,因而其灵敏性也大大提高。此酶的发现使 PCR 技术也被广泛应用。

8.3　PCR 技术的种类

PCR 及其相关技术的发展速度是惊人的。国际上分别于 1988 年和 1990 年在美国和英国召开了第一届和第二届 PCR 技术专题研讨会。第一届会议主要讨论了 PCR 的应用与技术本身的优化问题。第二届会议的主要议题是人类基因组计划与 PCR 的最新进展。同时，新的扩增技术也不断诞生，这些技术各有利弊，与 PCR 互为补充，共同构成了核酸体外扩增技术的大家族。目前 PCR 种类较多，主要有原位 PCR(in situ polymerase chain reaction,IS-PCR)技术、定量 PCR 技术、反转录－聚合酶链反应(reversetranscription-polymerase chain reaction,RT-PCR)技术、巢式聚合酶链反应(nested polymerase chain reaction,NP-PCR)、多重 PCR 等；其他的相关 PCR 技术有 PCR 结合等位基因特异性的寡核苷酸探针(PCR-allele specific oligonudeotide,PCR-ASO)法、PCR 结合序列特异性引物(PCR amplification with sequence-specific primers,PCR-SSP)技术，单链构型多态性(single strand polymorphism,SSCP)分析、限制性片段长度多态性(restriction enzyme fragment length polymorphism,RFLP)分析、随机扩增多态性 DNA(random amplified polymorphic DNA,RAPD)分析等。

实验 15　绿色荧光蛋白基因的 PCR 扩增

【实验目的】

(1) 掌握 PCR 扩增的基本原理。
(2) 掌握 PCR 扩增绿色荧光蛋白基因的方法及操作过程。
(3) 了解绿色荧光蛋白在当代科学研究中的重要作用。
(4) 熟练掌握琼脂糖凝胶电泳的操作过程。

【实验原理】

绿色荧光蛋白(green fluorescent protein,GFP)最早由日籍海洋生物学家下村修等人于 1962 年在 1 种水母(*Aequorea victoria*)中发现，其基因所产生的蛋白质在蓝色波长范围的光线激发下会发出绿色荧光(见图 8.2)。在细胞生物学与分子生物学领域中，绿色荧光蛋白基因常作为报导基因(reporter gene)。科学家们常常利用这种能自己发光的荧光分子来作为生物体的标记，将这种荧光分子通过化学方法挂在其他不可见的分子上，原来不可见的部分就变得可见了。生物学家一直利用这种标记方法，把原本透明的

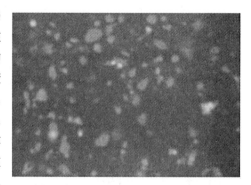

图 8.2　绿色荧光蛋白

细胞或细胞器从黑暗的显微镜视场中"揪出来"。在 2008 年的诺贝尔化学奖上,绿色荧光蛋白成了主角。诺贝尔奖委员会将化学奖授予美籍日裔科学家下村修、美国科学家马丁·沙尔菲和美籍华裔科学家钱永健 3 人,以表彰他们发现和发展了 GFP。瑞典皇家科学院将绿色荧光蛋白的发现和改造与显微镜的发明相提并论,称之为当代生物科学研究中最重要的工具之一。

本实验采用 PCR 方法,根据设计基因两端保守引物来扩增绿色荧光蛋白基因片段。经若干个变性、退火和延伸循环后,DNA 扩增为原来的 2^n 倍。

【实验材料、试剂及仪器】

1. 实验材料

含 *GFP* 基因的质粒载体(pEGFP-C1 或 N1)(25 ng/μL)。

2. 实验试剂

(1) 基因特异性引物:

GFP-F　5'-CGACGTAAACGGCCACAAGTT-3';

GFP-R　5'-GCCGTCGTCCTTGAAGAAGAT-3'。

(2) *Taq* DNA 聚合酶(国产或进口)。

(3) 10×*Taq* 酶配套缓冲液(*Taq* 酶配套)。

(4) 25 mmol/L MgCl$_2$ 溶液(*Taq* 酶配套)。

(5) 4×dNTP 溶液(与 *Taq* 酶购自同一公司):dATP、dGTP、dCTP、dTTP 各 2.5 mmol/L。

(6) 琼脂糖凝胶电泳相关试剂:参照实验 2。

3. 实验仪器

PCR 热循环仪(全班 1 台)	0.2 mL 转头的台式高速离心机(每 4 人
制冰机(全班 1 台)	1 台)
0.2 mL PCR 管(每人 3 支)	200 μL、20 μL、2 μL 吸头(若干)
移液器(每 2 人 1 套)	琼脂糖凝胶电泳相关仪器:参照实验 2

【实验步骤】

(1) 在无菌的 0.2 mL PCR 管中配制 25 μL 反应体系(冰上操作):

反应物	体积	终浓度
ddH$_2$O	17.3 μL	
10×*Taq* 酶配套缓冲液	2.5 μL	1×
25 mmol/L MgCl$_2$ 溶液	1.5 μL	1.5 mmol/L
4×dNTP 溶液	0.5 μL	200 μmol/L
10 μmol/L GFP-F 溶液	1.0 μL	0.4 μmol/L
10 μmol/L GFP-R 溶液	1.0 μL	0.4 μmol/L
DNA 模板	1.0 μL	1 ng/μL
Taq DNA 聚合酶	0.2 μL	1 U

（2）将反应混合液混匀,8000 r/min 离心 5 s。

（3）加入 1 滴石蜡油,8000 r/min 离心 5 s。（若 PCR 仪具有热盖,则此步可省略。）

（4）将 PCR 管放到 PCR 热循环仪中,按下列程序开始循环：

94 ℃ 4 min(预变性) ——→ 94 ℃ 30 s, 60 ℃ 30 s, 72 ℃ 2 min ——→ 72 ℃ 7 min
                            └——————— 35 个循环 ———————┘

（5）取 10 μL PCR 产物进行 1.2% 琼脂糖凝胶电泳检测（参照实验 2）。

【实验注意事项】

（1）PCR 相关仪器设备（如离心机、移液器等）最好能专用,防止污染。

（2）PCR 扩增相关的成套试剂要少量分装,专一保存,防止它用。

（3）PCR 扩增相关的耗材（如 PCR 管、吸头等）要一次性使用后弃弃。

（4）PCR 操作应戴手套并勤于更换。

（5）每移取 1 种试剂后均需更换新的吸头。

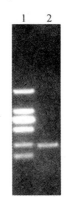

图 8.3 PCR 扩增产物
琼脂糖凝胶电泳结果
1:DNA 分子大小标准参照物;
2:PCR 扩增产物

【典型实验结果分析】

理想实验结果（见图 8.3）

获得相应大小的 PCR 产物（扩增片段大小为 253 bp）。

【参考文献】

[1] 萨姆布鲁克 J,弗里奇 E F,曼尼阿蒂斯 T.分子克隆实验指南.2 版.金冬雁,黎孟枫,译.北京:科学出版社,1993.

实验 16 乳铁蛋白基因的 PCR 扩增

【实验目的】

（1）掌握 PCR 扩增的基本原理。

（2）掌握 PCR 扩增乳铁蛋白基因的方法及操作过程。

（3）了解乳铁蛋白的生物学功能。

（4）熟练掌握琼脂糖凝胶电泳的操作过程。

【实验原理】

乳铁蛋白（lactoferrin,LF）于 1960 年首先由 Groves 从牛乳中分离获得,因与铁结合而呈红色,故称为红蛋白。在发现之初,LF 被认为是 1 种与铁的转运和存储有关的蛋白质,所以又称乳转铁蛋白。进一步研究表明,LF 是 1 种 70~80 kD 的糖蛋白,广泛存在于乳汁、唾液、泪液等外分泌液、血浆、中性粒细胞中。LF 是 1 种具有多种生物学功能的蛋白质,它不仅参与铁的转运,而且具有抗微生物、抗氧化、抗癌、调节免疫系统等功能,被认为是 1 种新型的抗菌抗癌药物和极具开发潜力的食品和饲料添加剂。目前,商业用的 LF 来自牛乳,价格很高。应用基因工程技术将人 *LF* 基因转入其他生物中表达,为解决工业用 LF 的来源不足这一问题提供了有效思路。牛 LF 已在欧洲和日本被进行商业化生产,并用于制造母乳化婴儿奶粉或其他功能性食品。

本实验采用 PCR 方法,根据设计基因两端保守引物来扩增牛乳铁蛋白基因片段。经若干个变性、退火和延伸循环后,DNA 扩增为原来的 2^n 倍。

【实验材料、试剂及仪器】

1. 实验材料

含有乳铁蛋白基因的重组质粒(pGEM®-3Z-LF)(50 ng/μL)。

2. 实验试剂

(1) 基因特异性引物:

5LF-F 5'-TCCAAGCTTATGAAGCTCTTCATCCCCGCC-3';

5LF-R 5'-GGCTCGAGTGCCTCATCATGAAGGCACAGGC-3'。

(2) *Taq* DNA 聚合酶(国产或进口)。

(3) 10× *Taq* 酶配套缓冲液(*Taq* 酶配套)。

(4) 25 mmol/L MgCl₂(*Taq* 酶配套)。

(5) 4×dNTP 溶液(与 *Taq* 酶购自同一公司):dATP、dGTP、dCTP、dTTP 各 2.5 mmol/L。

(6) 琼脂糖凝胶电泳相关试剂:参照实验 2。

3. 实验仪器

PCR 热循环仪(全班 1 台)	0.2 mL 转头的台式高速离心机(每 4 人 1 台)
制冰机(全班 1 台)	
0.2 mL PCR 管(每人 3 支)	200 μL、20 μL、2 μL 吸头(若干)
移液器(每 2 人 1 套)	琼脂糖凝胶电泳相关仪器:参照实验 2

【实验步骤】

(1) 在无菌的 0.2 mL PCR 管中配制 50 μL 反应体系(冰上操作):

反应物	体积	终浓度
ddH₂O	33.5 μL	
10× *Taq* 酶配套缓冲液	5.0 μL	1×
25 mmol/L MgCl₂ 溶液	4.0 μL	1.5 mmol/L
4×dNTP 溶液	4.0 μL	200 μmol/L
10 μmol/L 5LF-F 溶液	1.0 μL	0.4 μmol/L
10 μmol/L 5LF-R 溶液	1.0 μL	0.4 μmol/L
DNA 模板	1.0 μL	1 ng/μL

      Taq DNA 聚合酶   0.5 μL   1 U

(2) 将反应混合液混匀,8000 r/min 离心 5 s。

(3) 加入 1 滴石蜡油,8000 r/min 离心 5 s。(若 PCR 仪具有热盖,则此步可省略。)

(4) 将 PCR 管放到 PCR 热循环仪中,按下列程序开始循环:

94 ℃ 4 min(预变性) —→ 94 ℃ 50 s, 57 ℃ 30 s, 72 ℃ 2 min —→ 72 ℃ 10 min

35 个循环

(5) 取 10 μL PCR 产物进行 1.0% 琼脂糖凝胶电泳检测(参照实验 2)。

【实验注意事项】

同实验 15"实验注意事项"。

【典型实验结果分析】

理想实验结果(见图 8.4)

获得相应大小的 PCR 产物(扩增片段大小为 2.1 kb)。

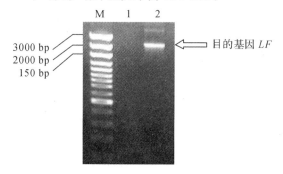

图 8.4　PCR 扩增产物琼脂糖凝胶电泳结果

M:DNA 分子大小标准参照物;1:空白对照(没有模板 DNA);2:PCR 扩增产物

【参考文献】

[1] 王廷华,景强,Dubus P. PCR 理论与技术. 北京:科学出版社,2006.

[2] 林万名. PCR 技术操作和应用指南. 北京:人民军医出版社,1998.

[3] 迪芬巴赫 C W,德维克勒斯 G S. PCR 技术实验原理. 北京:科学出版社,1999.

[4] Harder T C,Hufnagel M,Zahn K,et al. New Light Cycler PCR for rapid and sensitive quantification of parvovirus B19 DNA guides therapeutic decision-making in relapsing infections. J Clinical microbiology and infection,2001,39(12):4413 – 4419.

[5] Bertsch T,Zimmer W,Casarin W,et al. Real-time PCR assay with fluorescent hybridization probes for rapid interleukin-6 promoter (−174G→C) genotyping. Clinical Chemistry,2001,47(10):1873 – 1874.

实验 17　查尔酮合成酶基因的 PCR 扩增

实验 17　查尔酮合成
酶基因的 PCR 扩增

【实验目的】

（1）掌握 PCR 扩增的基本原理。

（2）掌握 PCR 扩增查尔酮合成酶基因的方法及操作过程。

（3）了解查尔酮合成酶的功能及基因相关信息。

（4）熟练掌握琼脂糖凝胶电泳的操作过程。

【实验原理】

查尔酮合成酶(chalcone synthase, CHS)是类黄酮类物质合成的关键酶,在苯丙氨酸合成途径中,香豆酰辅酶 A 和丙二酰辅酶 A 在 CHS 催化下产生苯基苯乙烯酮。在这一过程中,查尔酮为类黄酮类物质提供了基本的碳架结构,为类黄酮、黄酮醇、黄烷酮、花青素糖苷及其他物质的合成提供了保障。CHS 基因广泛存在于高等植物中。研究人员已从裸子植物、被子植物中克隆到 CHS 基因,并对它们的功能进行了研究和分类。近年来,研究人员还从蕨类植物松叶蕨(Psilotum nudum),甚至苔藓植物风兜粗裂地钱(Marchantia paleacea var. diptera)中克隆到了 CHS 基因或类 CHS 基因,为研究 CHS 进化提供了重要依据。

CHS 在植物诸多生理生化活动中起着重要作用,是近年来植物生理生化和分子生物学研究的热点之一。CHS 基因的功能多样,涉及植物生长发育的诸多过程,主要表现在花色素合成、防 UV 照射、抵御病原真菌侵染、根瘤形成、植物育性、调节生长素运输和抗虫等方面。CHS 基因的表达部位和表达时期也不尽相同,有的在营养器官中出现,有的则在生殖器官中表达,还有一些在外界环境的诱导下表达。搞清基因家族各成员的作用及相互关系,对系统研究 CHS 基因有着重要的意义。另外,CHS 基因的起源较早,不论在低等植物还是高等植物中,都存在 CHS 基因或类 CHS 基因,CHS 基因在植物分子进化研究上有着不可替代的作用。

本实验采用 PCR 方法,利用引物克隆 CHS 基因的全长。模板 DNA 经若干个变性、退火和延伸循环后,目的基因扩增为原来的 2^n 倍。

【实验材料、试剂及仪器】

1.实验材料

白菜、甘蓝、芥蓝等芸薹属蔬菜的基因组 DNA($20 \text{ ng}/\mu\text{L}$)。

2.实验试剂

（1）基因特异性引物:

CHSUP　5'-ATGGTGATGTGTACACCGTC-3';

CHSDN 5'-TTAGAGAGGAACGCTGTGC-3'。

(2)*Taq* DNA 聚合酶(国产或进口)。

(3)10×*Taq* 酶配套缓冲液(*Taq* 酶配套)。

(4)25 mmol/L $MgCl_2$ 溶液(*Taq* 酶配套)。

(5)4×dNTP 溶液(与 *Taq* 酶购自同一公司):dATP、dGTP、dCTP、dTTP 各 2.5 mmol/L。

(6)琼脂糖凝胶电泳相关试剂:参照实验 2。

3.实验仪器

PCR 热循环仪(全班 1 台)

制冰机(全班 1 台)

0.2 mL PCR 管(每人 3 支)

移液器(每 2 人 1 套)

0.2 mL 转头的台式高速离心机(每 4 人 1 台)

200 μL、20 μL、2 μL 吸头(若干)

琼脂糖凝胶电泳相关仪器:参照实验 2

【实验步骤】

(1)在无菌的 0.2 mL PCR 管中配制 20 μL 反应体系(冰上操作):

ddH_2O	15.5 μL
10×*Taq* 酶配套缓冲液	2.0 μL
4×dNTP 溶液	0.5 μL
上游引物	0.4 μL
下游引物	0.4 μL
模板 DNA	0.8 μL
Taq DNA 聚合酶	0.4 μL

PCR 反应
体系配制

PCR 热循环仪
程序设置及运行

(2)将反应混合液混匀,8000 r/min 离心 5 s。

(3)将 PCR 管放到 PCR 热循环仪中,按下列程序开始循环:

94 ℃ 5 min(预变性) ──→ 94 ℃ 30 s, 55 ℃ 45 s, 72 ℃ 1 min ──→ 72 ℃ 10 min

32 个循环

(4)取 10 μL PCR 产物进行 1.0% 琼脂糖凝胶电泳检测(参照实验 2)。

【实验注意事项】

(1)加样量必须正确。

(2)试剂完全融化后再使用,以免影响浓度。

(3)加样时不要说话,以免污染试剂。

【典型实验结果分析】

1.理想实验结果(见图 8.5)

目的条带在 1200 bp 处,条带单一,特异性高,可用于目的基因的胶回收实验。注意:利用 CHSUP 和 CHSDN 引物对,仅能从部分芸薹属蔬菜 DNA 中扩增到 *CHS* 基因,推荐选用白菜、甘蓝和芥蓝。

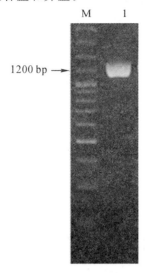

图 8.5　PCR 扩增产物琼脂糖凝胶电泳结果 1
M:DNA 分子大小标准参照物;1:PCR 扩增产物

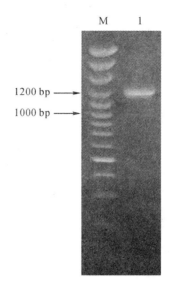

图 8.6　PCR 扩增产物琼脂糖凝胶电泳结果 2
M:DNA 分子大小标准参照物;1:PCR 扩增产物

2. 典型实验结果 1(见图 8.6)

条带不单一,除目的条带外,在 1000 bp 处有杂带,另外还存在条带弥散现象,这表明模板量过大或循环次数过多。解决办法:降低模板浓度或减少循环次数。

3. 典型实验结果 2(见图 8.7)

无条带。解决办法:可能加样错误,出现了试剂或模板 DNA 漏加现象;也可能是模板浓度太低,建议加大模板量。

图 8.7　PCR 扩增产物琼脂糖凝胶电泳结果 3
M:DNA 分子大小标准参照物;1:PCR 扩增产物

【参考文献】

[1] Jiang M, Cao J S. Sequence variation of chalcone synthase gene in a spontaneous white-flower mutant of Chinese cabbage-pak-choi. Molecular Biology Reports,2008,35:507－512.

[2] 蒋明,曹家树.查尔酮合成酶基因.细胞生物学杂志,2007,29(4):525－529.

实验 18　逆转录 PCR 扩增

【实验目的】

(1) 掌握逆转录 PCR 的基本原理。

(2) 掌握逆转录 PCR 的操作方法。

(3) 熟练掌握琼脂糖凝胶电泳的操作过程。

【实验原理】

小鼠 *β-actin* 基因的
逆转录 PCR 扩增原理

逆转录酶(reverse transcriptase)是存在于 RNA 病毒体内的依赖 RNA 的 DNA 聚合酶,具有以下 3 种活性。①依赖 RNA 的 DNA 聚合酶活性:以 RNA 为模板合成 cDNA 第 1 条链;②Rnase H 水解活性:水解 RNA-DNA 杂合体中的 RNA;③依赖 DNA 的 DNA 聚合酶活性:以第 1 条 DNA 链为模板合成互补的双链 cDNA。

常用的逆转录酶有以下几种。①鼠白血病病毒逆转录酶(MMLV):有强的聚合酶活性,RNase H 活性相对较弱,最适作用温度为 37 ℃,价格较低;②禽成髓细胞瘤病毒逆转录酶(AMV):有强的聚合酶活性和 RNase H 活性,最适作用温度为 42 ℃。

本实验以哺乳动物组织或细胞中的总 RNA 为样品,以其中的 mRNA 作为模板,以两步法进行逆转录 PCR 扩增,采用 oligo(dT)或随机引物,利用逆转录酶反转录成 cDNA,再以 cDNA 为模板进行 PCR 扩增,获得目的基因(内参 *β-actin*)扩增片段。具体步骤如下:

(1) 总 RNA 在 70 ℃水浴中预变性,打开二级结构等复杂结构,提高逆转录效率。

(2) 逆转录过程:逆转录酶 MMLV(最适温度为 37 ℃)以 oligo(dT)为引物,mRNA 为模板,反转录成 cDNA 第一链。

(3) 升温至 70 ℃,灭活 MMLV,终止逆转录反应。

(4) PCR 扩增目的片段。

【实验材料、试剂及仪器】

1.实验材料

新鲜提取或−70 ℃保存的小鼠组织或细胞的总 RNA。

2.实验试剂

(1)特异性引物:

β-actin 上游引物　5'-ACTGCCGCATCCTCTTCCTC-3';

β-actin 下游引物　5'-ACTCCTGCTTGCTGATCCACAT-3'。

(2)*Taq* DNA 聚合酶(国产或进口)。

(3)10×*Taq* 酶配套缓冲液(*Taq* 酶配套)。

(4)25 mmol/L MgCl₂ 溶液(*Taq* 酶配套)。

(5)4×dNTP 溶液(与 *Taq* 酶购自同一公司):dATP、dGTP、dCTP、dTTP 各 2.5 mmol/L。

(6)逆转录酶(国产或进口)。

(7)RNase 抑制剂。

(8)oligo (dT)₁₈。

(9)0.1% DEPC-H₂O:在 0.22 μm 滤膜过滤的重蒸水中加入 DEPC 至终浓度 0.1%,搅拌器上搅拌 3 h,37 ℃过夜,121 ℃高压灭菌 30 min,备用。

(10)琼脂糖凝胶电泳相关试剂:参照实验 2。

3. 实验仪器

PCR 热循环仪(全班 1 台)　　　　　　人 1 台)

制冰机(全班 1 台)　　　　　　　　移液器(每 2 人 1 套)

无菌无 RNase 的 0.2 mL PCR 管(每　　200 μL、20 μL、2 μL 无菌吸头(若干)

人 3 支)　　　　　　　　　　　　琼脂糖凝胶电泳相关仪器:参照实验 2

0.2 mL 转头的台式高速离心机(每 4

【实验步骤】

(1) 取无菌无 RNase 0.2 mL PCR 管配制 6 μL 反应体系(冰上操
作):

小鼠 *β-actin* 基因
的逆转录 PCR
扩增操作

总 RNA	5 μL
oligo(dT)₁₈	1 μL

(2) 充分混匀,于 70 ℃反应 5 min 后取出,立刻置于冰浴中 2 min,再依次加入:

10× *Taq* 酶配套缓冲液	2 μL
4×dNTP 溶液	2 μL
RNase 抑制剂	0.5 μL
逆转录酶	100 U

(3) 充分混匀,于 37 ℃反应 60 min,使 mRNA 逆转录生成 cDNA 第一链。

(4) 于 70 ℃加热 5~10 min,灭活逆转录酶终止反应,使 RNA-cDNA 杂交体变性,然后迅速冰浴冷却。

(5) 取无菌无 RNase 0.2 mL PCR 管配制 25 μL 反应体系(冰上操作):

ddH₂O	16 μL
10× *Taq* 酶配套缓冲液	2.5 μL
4×dNTP 溶液	2 μL
10 pmol/μL *β-actin* 上游引物	1 μL
10 pmol/μL *β-actin* 下游引物	1 μL
上述逆转录产物	2 μL
Taq DNA 聚合酶	0.5 μL

(6) 将反应混合液混匀,8000 r/min 离心 5 s。

(7) 加入 1 滴石蜡油,8000 r/min 离心 5 s。(若 PCR 仪具有热盖,则此步可省略。)

(8) 将 PCR 管放到 PCR 热循环仪中,按下列程序开始循环:

94 ℃ 4 min(预变性) ──→ 94 ℃ 50 s, 55 ℃ 30 s, 72 ℃ 2 min ──→ 72 ℃ 10 min

　　　　　　　　　　　　　　　　　35 个循环

(9) 取 10 μL PCR 产物进行 1.0% 琼脂糖凝胶电泳检测(参照实验 2)。

【实验注意事项】

(1) RNA 的纯度会影响 cDNA 合成量,因此,操作中要避免 RNA 分解酶的污染,尽量使用一次性器皿,玻璃器皿需用 0.1% DEPC-H_2O 处理,用于 RNA 的试剂需干热灭菌或 DEPC 处理。

(2) 需注意并不是每种组织或细胞都表达所有的基因,即某些基因的 mRNA 不存在于组织或细胞中,因此,确定所选用的材料中是否含有所需扩增的基因模板是实验成败的关键。

(3) 合成 cDNA 第一链时,引物可用随机六聚核苷酸,或下游引物,或 poly T,其中以六聚核苷酸的随机引物效果最好。

(4) 酶制品应该在实验前才从−20 ℃取出;使用时轻轻混匀,避免起泡;使用后立即放回−20 ℃中保存。

(5) cDNA 第一链中的 RNA 模板不影响 PCR 反应,无需用碱或 RNase 处理去除。没有必要将 cDNA 反应产物全部用于 PCR,用其 1/25～1/10 即可。

(6) 检测 RNA 时,使用的试管和能耐高压的试剂必须经高压灭菌处理,同时使用 RNA 酶抑制剂,而且在操作时应戴一次性手套以防污染。

【典型实验结果分析】

1. 理想实验结果(见图 8.8,泳道 1～8、10)

得到与预期大小(400 bp)一致的目的片段,条带明亮单一。

2. 典型实验结果(见图 8.8,泳道 9)

无目的片段。解决办法:重新检查总 RNA 浓度、纯度,需注意以下 2 点。①确保模板 RNA 未被 RNase 污染,否则逆转录过程可能出错,需重新做逆转录 PCR;②若总 RNA 降解,需重新抽提模板。

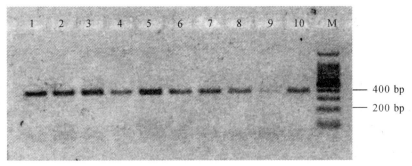

图 8.8　逆转录 PCR 扩增产物琼脂糖凝胶电泳结果

M:DNA 分子大小标准产物;1～10:逆转录 PCR 扩增产物

【实验讨论】

问题 1:为何选择 oligo(dT)为逆转录 PRC 引物?

答:oligo(dT)同大多数真核细胞 mRNA 3'端所发现的 poly A 尾杂交。一是因为 poly A+RNA大概占总 RNA 的 1%～2%,所以与使用随机引物相比,以 oligo(dT)为引物,得到的 cDNA 的数量和复杂度要小得多。二是因为其具有较高的特异性,用 oligo(dT)为逆转录引物时,一般不需要对 RNA 和引物的比例、poly A+选择进行优化。建议每 20 μL反应体系使用 0.5 μg oligo(dT),oligo(dT)$_{12\sim18}$适用于多数逆转录 PCR。

问题 2:在琼脂糖凝胶分析中看到少量或没有逆转录 PCR 产物,可能的原因及解决办法有哪些?

答:(1)RNA 被降解。解决办法:在逆转录 PCR 前验证 RNA 的完整性;重新抽提完整的总 RNA。

(2)RNA 中包含逆转录抑制剂。解决办法:通过乙醇沉淀 RNA 除去抑制剂,再用 70% 乙醇对 RNA 沉淀进行清洗。

(3)多糖同 RNA 共沉淀。解决办法:使用氯化锂沉淀 RNA 以除去多糖。

(4)用于合成 cDNA 第一链合成的引物没有很好退火。解决办法:确定适合引物的退火温度。

(5)起始 RNA 量不够。解决办法:增加 RNA 量。

(6)RNA 模板的二级结构太多。解决办法:将 RNA 和引物在不含盐及缓冲液条件下变性/退火。

(7)引物或模板对残余的 RNA 模板敏感。解决办法:在 PCR 前用 RNase H 处理。

(8)靶序列在分析的组织中不表达。解决办法:尝试其他靶序列或组织。

(9)PCR 没有起作用。解决办法:进行两步法 RT-PCR 时,不要在 PCR 步骤中使用超过 1/5 的逆转录反应产物。

【参考文献】

[1] 金波,陈集双.两株黄瓜花叶病毒卫星 RNA 的竞争与共存研究.微生物学报,2005,45(2): 209 -212.

第9章

分子杂交

9.1　分子杂交的原理

　　分子杂交(molecular hybridization)是核酸和蛋白质的 1 种分析方法,用于检测混合样品中特定核酸分子或蛋白质分子是否存在,以及其相对含量大小。其基本原理是待测单链核酸或蛋白质分子与已知序列的单链核酸或抗体(称为探针)间通过碱基配对或免疫反应形成可检出信号。在分子杂交过程中,其核心是印迹转移技术,都是先将 DNA 或 RNA、蛋白质在凝胶上进行分离,使不同相对分子质量的分子在凝胶上展开,然后将凝胶上的样品通过影印的方式转移到固相支持物上。完成这个印迹过程以后,通过标记的探针或抗体与滤膜上的核酸或蛋白质分子进行杂交,从而判断样品中是否有与探针同源的核酸分子或与抗体反应的蛋白质分子,并推测其相对分子质量的大小。

9.2　分子杂交的发展历程

　　核酸杂交技术是 Hall 等在 1961 年开始研究的。该法的原理是探针与靶序列在溶液中杂交,通过平衡密度梯度离心分离杂交体,检测靶序列的含量。该法费时、费力且不精确,但它开拓了核酸杂交技术的研究。20 世纪 60 年代中期,Nygaard 等的研究为应用标记DNA 或 RNA 探针检测固定在硝酸纤维素(NC)膜上的 DNA 序列奠定了基础。进入 70 年代,分子生物学技术有了突破性进展,固相化的 poly U-Sepharose和 oligo(dT)-纤维素使人们能从总 RNA 中分离 poly A+mRNA,可用于检测 mRNA 的表达量。限制性内切酶的发展和应用使分子克隆成为可能。各种载体系统的诞生,尤其是质粒和噬菌体载体的构建,使特异性 DNA 探针的来源变得十分丰富。人们可以从基因组 DNA 文库和 cDNA 文库中获得特定基因克隆,只需培养细菌,便可提取大量的探针 DNA。现在的核酸杂交技术在用非放射性物质代替放射性同位素标记探针以及简化实验操作和缩短杂交时间等方面取得了很大进展,使得核酸杂交技术越来越简便、快速、低廉和安全。

　　把电泳分离的蛋白组分转移到固定膜上,即蛋白质印迹法(即 Western 杂交)。它首先是在 1979 年由 4 个研究小组（Houvet D、Renart J、Erlich H、Towbin H）报道的，但是现在普遍使用的是 Towbin H 等人使用的方法，这个方法实际是在 1975 年 Southern DNA 印迹法上发展而来的，因此，Western 杂交不是真实意义上的分子杂交，而是通过抗体以免疫反应形式检测滤膜上是否存在被抗体探针识别的蛋白质，并判断其相对分子质量。

9.3　分子杂交的种类

根据被检测的对象，分子杂交可分为以下几大类。

（1）Southern 杂交（Southern blot）：DNA 片段经电泳分离后，从凝胶中转移到硝酸纤维素滤膜或尼龙膜上，然后与探针杂交。被检对象为 DNA，探针为 DNA 或 RNA。

（2）Northern 杂交（Northern blot）：RNA 片段经电泳分离后，从凝胶中转移到硝酸纤维素滤膜上，然后与探针杂交。被检对象为 RNA，探针为 DNA 或 RNA。

（3）Western 杂交（Western blot）：蛋白质样品经 SDS-PAGE 凝胶电泳后，从凝胶转移到滤膜上，然后与抗体以免疫反应形式进行杂交。被检对象为蛋白质，探针为针对某一蛋白质制备的特异性抗体。

实验 19　Southern 杂交

【实验目的】

（1）掌握 Southern 杂交的原理。

（2）掌握采用 Southern 杂交检测目的基因是否存在的方法及操作步骤。

（3）熟练掌握琼脂糖凝胶电泳的操作过程。

【实验原理】

Southern 杂交可用来检测经限制性内切酶切割后的 DNA 片段是否存在与探针同源的序列。当酶切 DNA 经凝胶电泳分离后，在碱性的条件下进行原位变性，再用 pH 7.4 的 Tris 缓冲液中和，使 DNA 保持单链状态，然后通过毛细管、电转移或真空转移将 DNA 片段转移到固体支持物（硝酸纤维素滤膜或尼龙膜）上（见图 9.1），最后通过 80 ℃ 处理或紫

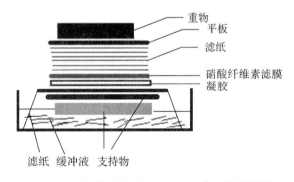

图 9.1　毛细管渗吸进行 Southern 杂交的装置图

外线照射将 DNA 固定在滤膜上,让探针与同源 DNA 片段杂交,然后漂洗除去非特异性结合的探针,通过酶联免疫与 1 个抗体复合物(抗地高辛抗体-碱性磷酸酶复合物)结合,在 BCIP(5-溴-4-氯-3-吲哚-磷酸)与 NBT(氮蓝四唑)存在下,通过成色反应检查目的 DNA 所在的位置。

【实验材料、试剂及仪器】

1. 实验材料

DNA 溶液。

2. 实验试剂

(1)内切酶 Bgl Ⅱ、BamH Ⅰ、EcoR Ⅰ和 $Hind$ Ⅲ及它们的缓冲液:购自大连宝生物工程有限公司。

(2)20×SSC:3 mol/L NaCl,0.3 mol/L 柠檬酸钠,用 1 mol/L HCl 调节 pH 值至 7.0。用到的其他浓度的 10×SSC、6×SSC、2×SSC、1×SSC、0.5×SSC 和 0.1×SSC 用 20×SSC 稀释。

(3)变性缓冲液:1.5 mol/L NaCl,0.5 mol /L NaOH。

(4)中和缓冲液:1.5 mol/L NaCl,0.5 mol/L Tris-HCl (pH 7.4)。

(5)转移缓冲液:10×SSC。

(6)预杂交溶液:取 25 mL 20×SSC、10 mL 50×Denhardt、50 mL 甲酰胺、5 mL 10% SDS 和 1 mL 经过变性并断裂的 100 μg/mL 鲑鱼精 DNA,加水定容至 100 mL。

(7)马来酸缓冲液(pH 7.5):0.1 mol/L 马来酸,0.15 mol/L NaCl。

(8)封闭液:取 500 mL 10% SDS、10 mL 170 mmol/L Na_2HPO_4 和 10 mL 80 mmol/L NaH_2PO_4,混匀,加水定容到 1 L。

(9)检测缓冲液:0.1 mol/L Tris-HCl,0.1 mol/L NaCl,50 mmol/L $MgCl_2$,调整 pH 值到 9.5。

(10)显色底物溶液:将 33 μL NBT 储存液(在 2 mL 70% DMF 中加入 100 ng NBT 配制而成)与 5 mL 检测缓冲液混匀,加入 17 μL BCIP,4 ℃保存。

(11)C-myc 癌基因的地高辛标记探针:序列是 5'-GGGCUUUAUCUAACUCGCUGUA-3'。

(12)琼脂糖凝胶电泳相关试剂:参照实验 2。

3. 实验仪器

杂交炉(全班 1 台)	尼龙膜或硝酸纤维素膜(每 4 人 1 张)
1.5 mL 离心管(每人 2 支)	普通滤纸(若干)
振荡器(每 8 人 1 台)	3MM Whatman 滤纸(每 4 人 1 张)
离心机(每 8 人 1 台)	吸水纸(若干)
恒温烤箱(全班 1 台)	保鲜膜(每 8 人 1 卷)
相机(全班 1 台)	琼脂糖凝胶电泳相关仪器:参照实验 2
瓷盘(每 8 人 1 只)	

【实验步骤】

1. DNA 的消化及电泳

用几种限制性内切酶(如 *Eco*R I、*Bam*H I 或 *Hind* III)消化适当数量的 DNA (参照实验 22),消化结束后进行琼脂糖凝胶电泳(参照实验 2),直至溴酚蓝跑至凝胶的边缘。

2. 凝胶转移

(1)电泳结束后,将凝胶转移到一瓷盘中,用刀片修去凝胶边缘无用的部分(包括加样孔上方的凝胶),在凝胶的左下角切去一角做记号。

(2)在瓷盘中加入 10 倍体积于凝胶体积的变性溶液,室温下放置 45 min,并且轻轻摇动。

(3)用去离子水短暂浸泡凝胶,然后将凝胶浸于 10 倍体积于凝胶体积的中和缓冲液中,室温下放置 30 min,并且轻轻摇动;换 1 次中和缓冲液继续浸泡 15 min。

(4)在浸泡的过程中,先准备好转移用膜,用干净的刀片切割下 1 张每边较凝胶大 1 mm 的尼龙膜或硝酸纤维素膜,再切 1 张与膜同样大小的 Whatman 滤纸。

(5)先用刀片切去待转移的膜一角,然后将膜浸入去离子水中,完全浸透 5 min 以上。

(6)将 1 张 Whatman 滤纸放在 1 块玻璃板上,滤纸的两端要从玻璃板上垂下,放入盛有转移缓冲液(10×SSC)的容器中(见图 9.1),待转移缓冲液将滤纸完全浸湿后,用玻棒赶走气泡。

(7)将步骤(3)中的凝胶取出并倒转,使原来的底面向上,放置在滤纸中间,用保鲜膜包裹凝胶的四周,防止液体自液池直接流至凝胶上方的吸水纸。

(8)用适量转移缓冲液将凝胶湿润,将湿润的膜覆盖在凝胶上,切角对齐,赶走气泡,再将湿润的 Whatman 滤纸放置在膜上,同样赶走气泡。

(9)切 1 叠略小于 Whatman 滤纸的吸水纸(厚 5~8 cm),将吸水纸放置在 Whatman 滤纸上,在吸水纸上方放 1 块玻璃板,然后压 1 个 500 g 左右的重物,吸水 8~24 h,在转移的过程中要视情况及时更换吸水纸。

(10)转移结束后,用铅笔做标记,将膜转移到 6×SSC 漂洗 5 min,再将膜移至普通滤纸上,放在超净台上吹干,将膜夹在 2 张干燥的普通滤纸中间,80 ℃烘烤 0.5~2 h。

3. 杂交

(1)将膜放到 6×SSC 中,浸润 2 min,然后装入杂交管内,加预杂交液,放到杂交炉中,68 ℃封闭 6 h。

(2)探针预先在沸水中热变性 5 min,迅速置冰浴中冷却,然后用预杂交液稀释探针(5~25 ng/mL),再将探针加入杂交管中,68 ℃杂交过夜。

(3)将膜从杂交管中取出,放入含有数百毫升 2×SSC 及 0.5% SDS 的平皿中,室温下将平皿放在缓慢旋转的平台上轻轻振荡 15 min。将此步骤重复 1 次。

(4)将浸泡的溶液换成 0.1×SSC 及 0.1% SDS,65 ℃放置 0.5~4 h,并轻轻振荡,再在室温下用 0.1×SSC 洗膜。

4. 检测

(1)用马来酸缓冲液洗膜 5 min。

（2）取出转移膜，用封闭液 100 mL 孵育 30 min。

（3）用封闭液稀释抗地高辛链霉素复合物至 150 mU/mL（1：5000），将滤膜置于其中，37 ℃下孵育 30 min。

（4）用 100 mL 马来酸缓冲液室温下洗膜 15 min。将此步骤重复 1 次。

（5）将膜置于 20 mL 检测缓冲液中平衡 2～5 min。

（6）加显色液至覆盖整张膜，避光显色 5～30 min，肉眼观察结果，并拍照。

【实验注意事项】

（1）在转移完成后，可以用 EB 对凝胶进行染色，判断转移的效率。

（2）转移的过程中要放好膜与凝胶对应的电极，即凝胶对应负极，膜对应正极。

（3）对膜进行操作时需使用手套以及镊子，用手摸过的膜不易浸湿。

（4）保证在凝胶和膜、膜和吸水滤纸、滤纸和凝胶之间无气泡。

（5）标记探针在加入杂交液之前，一定要进行加热变性处理，并且要先在杂交液中混匀后加入，不要直接加在膜上。

（6）含有 DIG 标记探针的杂交液可以放在 −20 ℃保存，并可反复使用，每次用前在 68 ℃变性。

（7）洗膜过程中切忌膜干燥。

（8）不同批号的尼龙膜的浸润速率是不同的，若膜在水上漂浮几分钟后仍未浸透，应换 1 张膜。

（9）在堆放吸水纸巾的过程中，要堆放整齐，避免液体自液池直接流到凝胶上方的纸巾，造成短路。

【典型实验结果分析】

理想实验结果（见图 9.2）

人肝癌细胞系 HEPG2 的 DNA 用不同限制性内切酶 *Bgl* Ⅱ（见泳道 1～3）、*Bam*H Ⅰ（见泳道 4～6）、*Eco*R Ⅰ（见泳道 7～9）和 *Hind* Ⅲ（见泳道 10～12）进行消化，经电泳转膜后与地高辛标记的 C-myc 探针进行杂交，显示清晰的条带。

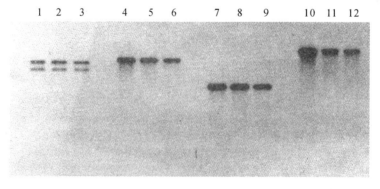

图 9.2　Southern 杂交结果

1～3：*Bgl* Ⅱ消化 DNA 杂交结果；4～6：*Bam*H Ⅰ消化 DNA 杂交结果

7～9：*Eco*R Ⅰ消化 DNA 杂交结果；10～12：*Hind* Ⅲ消化 DNA 杂交结果

【实验讨论】

问题：在杂交的过程中，尼龙膜较硝酸纤维素膜有何优点？

答：尼龙膜比硝酸纤维素膜耐用，硝酸纤维素膜在进行干烤固定的时候会变脆，容易破裂，尼龙膜的韧性和结合核酸的能力要好于硝酸纤维素膜，尼龙膜可以不可逆地结合核酸，而且损伤时可以修复。尼龙膜的不足之处是背景较高，用 RNA 探针时尤为严重。现在有两种尼龙膜：一种是中性尼龙膜；另一种是带电荷修饰的尼龙膜。两种尼龙膜都可以结合核酸，并且带正电荷尼龙膜结合核酸的能力较强，但同时也会导致小部分背景水平的升高。

【参考文献】

[1] 吴乃虎.基因工程原理.2 版.北京:科学出版社,2001.

实验 20　Northern 杂交

【实验目的】

(1) 掌握 Northern 杂交的原理。
(2) 掌握采用 Northern 杂交来检测目的基因表达量差异的方法及操作步骤。
(3) 熟练掌握 RNA 变性电泳的操作过程。

【实验原理】

Northern 杂交主要用来检测细胞或组织样品中是否存在与探针同源的 RNA 分子，从而判断在转录水平上基因是否表达及表达量，因此实验过程与 Southern 杂交很相似。Northern 杂交的电泳是在变性条件下进行，以去除 RNA 分子中的二级结构，保证 RNA 完全按分子大小分离。变性电泳主要有 3 种：乙二醛变性电泳、甲醛变性电泳和羟甲基汞变性电泳。本实验主要采用了甲醛变性电泳，电泳后转膜采用与 Southern 杂交相同的方法将 RNA 转移到尼龙膜上，然后与探针杂交。

【实验材料、试剂及仪器】

1.实验材料

总 RNA 溶液。

2.实验试剂

(1)0.1% DEPC-H_2O:在 1000 mL 的去离子水中加入 1 mL 的 DEPC 于 37 ℃下搅动处理过夜，在 121 ℃高压灭菌处理 20 min。

(2)10×MOPS 电泳缓冲液:取 41.8 g 的 MOPS 于 700 mL 的 0.1% DEPC-H_2O 中，调整 pH 值到 7.0,加 20 mL 的 1 mol/L 的乙酸钠和 20 mL 的 0.5 mol/L EDTA (pH 8.0),

用 0.1% DEPC-H$_2$O 调整到 1 L,过滤灭菌处理。

(3)10×甲酰胺加样缓冲液:0.5 mol/L EDTA (pH 8.0),10 mg 溴酚蓝,10 mg 二甲苯,10 mL 去离子甲酰胺。

(4)其余试剂与 Southern 杂交实验相同,但是所配制的溶液均需经过 DEPC 处理。

(5)β-actin 肌动蛋白基因的地高辛标记探针:序列是 5'-AUGCCAUCCUGCGUCUG-3'。

(6)C-myc 癌基因的地高辛标记探针:序列是 5'-GGGCUUUAUCUAACUCGCUGUA-3'。

3.实验仪器

杂交炉(全班1台)	瓷盘(每8人1台)
电泳仪(每8人1台)	尼龙膜(每4人1张)
振荡器(每8人1台)	保鲜膜(每8人1卷)
离心机(每8人1台)	3MM Whatman 滤纸(每4人1张)
恒温烤箱(全班1台)	吸水纸(若干)
相机或凝胶成像分析系统(全班1台)	普通滤纸(若干)

【实验步骤】

1.制备 RNA 变性凝胶

(1)制备 50 mL 含有 2.2 mol/L 甲醛的 1% 的琼脂糖凝胶:称取 0.5 g 琼脂糖加入 36 mL DEPC-H$_2$O 中,取 5 mL 的 10×MOPS 电泳缓冲液和 9 mL 去离子甲醛混合制胶。

(2)RNA 样品的预处理:电泳前先将 20 μg 的 RNA 与 2 μL 的 10×MOPS 电泳缓冲液、4 μL 甲醛和 10 μL 的甲酰胺混匀,65 ℃孵育 30 min,冰浴冷却 10 min,然后加入 2 μL 的甲酰胺加样缓冲液。

(3)在电泳槽中加入 1×MOPS 电泳缓冲液,50 V 预电泳 5 min,在凝胶加样孔中加入 RNA 样品,再在 50 V 下电泳直至溴酚蓝移动到凝胶的前沿处,关闭电源。

2.凝胶转移

(1)电泳结束后,将凝胶转移到一瓷盘中,用 0.1% DEPC-H$_2$O 漂洗几次,用刀片修去凝胶边缘无用的部分(包括加样孔上方的凝胶),在凝胶的左下角切去一小角做记号。

(2)在瓷盘中加入 10 倍体积于凝胶的变性溶液,室温下放置 45 min,并且轻轻摇动。

(3)用 0.1% DEPC-H$_2$O 短暂浸泡凝胶,然后将凝胶浸于 10 倍体积于凝胶体积的中和缓冲液中,室温下放置 30 min,并且轻轻摇动;换 1 次中和缓冲液继续浸泡 15 min。

(4)在浸泡的过程中,先准备好转移用膜,用干净的刀片切割下一张每边较凝胶大1 mm 的尼龙膜,再切 2 张与膜同样大小的 Whatman 滤纸。

(5)先用刀片切去待转移的膜一角,然后将膜浸入 0.1% DEPC-H$_2$O 中,完全浸透 5 min以上。

(6)将 1 张 Whatman 滤纸放在 1 块玻璃板上,滤纸的两端要从玻璃板上垂下,放入盛有转移缓冲液(10×SSC)的容器中(见图 9.1),待转移缓冲液将滤纸完全浸湿后,用玻棒赶走气泡。

(7)将步骤(3)中的凝胶取出并倒转,使原来的底面向上,放置在滤纸中间,用保鲜膜包裹凝胶的四周,防止液体自液池直接流至凝胶上方的吸水纸。

（8）用适量转移缓冲液将凝胶湿润，将湿润的膜覆盖在凝胶上，切角对齐，赶走气泡，再将湿润的 Whatman 滤纸放置在膜上，同样赶走气泡。

（9）切 1 叠略小于 Whatman 滤纸的吸水纸（厚 5~8 cm），将吸水纸放置在 Whatman 滤纸上，在吸水纸上方放 1 块玻璃板，然后压一重物，吸水 8~24 h，在转移的过程中要视情况及时的更换吸水纸。

（10）转移结束后，用铅笔做标记，转移到 6×SSC 漂洗 5 min，再将膜移至普通滤纸上，将多余的液体沥干后，将膜的 RNA 面向上放置于干的普通滤纸上数分钟，然后用 254 nm 的紫外光照射 1.75 min。

3. 杂交

（1）将膜放到 6×SSC 中，浸润 2 min，然后装入杂交管内，加预杂交液，放到杂交炉中，68 ℃封闭 6 h。

（2）探针预先在沸水中热变性 5 min，迅速置冰浴中冷却，然后用预杂交液稀释探针（5~25 ng/mL）加入杂交管中，68 ℃杂交过夜。

（3）将膜从杂交管中取出，放入含有数百毫升 2×SSC 及 0.5% SDS 的平皿中，室温下将平皿放在缓慢旋转的平台上轻轻振荡 5 min。将此步骤重复 1 次。

（4）将膜放入含有数百毫升 2×SSC 及 0.5% SDS 的平皿中，42 ℃下将平皿放在缓慢旋转的平台上轻轻振荡 15 min。将此步骤重复 1 次。

（5）将浸泡的溶液换成 0.1×SSC 及 0.1% SDS，65 ℃放置 0.5~4 h，并轻轻振荡，再在室温下用 0.1×SSC 洗膜。

4. 检测

参照实验 19“实验步骤”4。

【实验注意事项】

（1）含甲醛的凝胶在 RNA 转移前需用经 DEPC 处理水淋洗数次，以除去甲醛。

（2）同实验 19“实验注意事项”。

【典型实验结果分析】

理想实验结果（见图 9.3）

用不同浓度的抗肿瘤药物处理肿瘤细胞，C-myc 癌基因的表达量随着抗肿瘤药物浓度

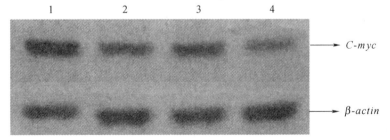

图 9.3　Northern 杂交结果

1~4：抗肿瘤药物处理后的基因表达产物，1 至 4 泳道的抗肿瘤药物的浓度依次增加

的增加而减少,而作为参照物的 $\beta\text{-}actin$ 基因的表达量无明显变化。

【实验讨论】

问题:当琼脂糖浓度较高或待分析的 RNA 相对分子质量较大时,该如何处理?

答:需用 0.05 mol/L NaOH 浸泡凝胶 20 min,部分水解 RNA 并提高转移效率。浸泡后用 0.1% $DEPC\text{-}H_2O$ 淋洗凝胶,并用 20×SSC 浸泡凝胶 45 min,然后再转移到滤膜上。

【参考文献】

[1] 萨姆布鲁克 J,弗里奇 E F,曼尼阿蒂斯 T.分子克隆实验指南.2 版.金冬雁,黎孟枫,译.北京:科学出版社,1993.

实验 21 Western 杂交

【实验目的】

(1) 掌握 Western 杂交的原理。

(2) 掌握采用 Western 杂交检测检测药物作用后的肿瘤细胞中 $C\text{-}myc$ 癌基因表达量变化的方法及操作步骤。

(3) 掌握 SDS-PAGE 电泳的操作过程。

【实验原理】

Western 杂交一般由凝胶电泳、样品的印迹和免疫学检测 3 个部分组成。第一步是做 SDS-PAGE 凝胶电泳,使待测样品中的蛋白质按相对分子质量大小在凝胶中分带。第二步把凝胶中已分成条带的蛋白质转移到 1 种固相支持物上,用得最多的材料是硝酸纤维素膜(NC 膜)和 PVDF 膜。蛋白转移的方法多用电泳转移(转移电泳),它又有半干法和湿法之分,现在大多用湿法。第三步是用特异性的抗体检测出已经印迹在膜上的所要研究的相应抗原。免疫检测的方法可以是直接的和间接的。现在多用间接免疫酶标的方法,在用特异性的第一抗体杂交结合后,再用酶标的第二抗体[碱性磷酸酶(AP)或辣根过氧化物酶(HRP)标记的抗第一抗体的抗体]杂交结合,再加酶的底物显色或者通过膜上的颜色或 X 光底片上曝光的条带来显示抗原的存在。该技术被广泛应用于蛋白表达水平的检测中。

【实验材料、试剂及仪器】

1. 实验材料

(1)蛋白提取物。

(2)兔抗人 C-myc 多肽抗体 IgG:购自博士德生物工程有限公司。

(3)兔抗人 β-actin 抗体 IgG:购自博士德生物工程有限公司。

(4)HRP 标记的羊抗兔 IgG（H＋L）：购自 KPL 公司。

2.实验试剂

(1)SDS-PAGE 试剂：参照实验 32。

(2)转膜缓冲液：甘氨酸 2.9 g，Tris 5.8 g，SDS 0.37 g，甲醇 200 mL，加去离子水定容至 1000 mL。

(3)丽春红染液：0.5 g 丽春红，1 mL 冰醋酸，用三蒸水定容至 100 mL。

(4)PBST 溶液：Tween 20 按照 1∶2000 稀释于 1×PBS 中。

(5)封闭液：2％ 脱脂奶粉，0.5％ FCS，溶于 1×PBS 中。

(6)辣根过氧化物酶显色液：DAB 6.0 mg 溶于 9 mL 的 0.01 mol/L Tris-HCl(pH 6.4)中，加 0.3％(m/V) $NiCl_2$ 或 $CoCl_2$，用前新鲜配制。

(7)细胞裂解液：50 mmol/L Tris-HCl(pH 7.4)，150 mmol/L NaCl，1.6％ Triton X-100，5 mol/L Urea，1 mmol/L PMSF，0.1 mmol/L Leu。

(8)上样缓冲液：0.5 mol/L Tris-HCl (pH 6.8) 的缓冲液 5 mL，SDS 的 0.5 g，甘油 5 mL，β-巯基乙醇 0.25 mL，1％溴酚蓝 2.5 mL，蒸馏水定容到 50 mL。

(9)磷酸缓冲液(PBS)：800 mL 蒸馏水中加入 8.79 g NaCl、0.27 g KH_2PO_4、1.14 g 无水 NaH_2PO_4，用 HCl 调 pH 值至 7.4，定容至 1 L，121 ℃高压灭菌 20 min。

3.实验仪器

高速冷冻离心机(全班 1 台)　　　　　　硝酸纤维素膜(每 4 人 1 张)

垂直电泳装置(每 8 人 1 台)　　　　　　3MM Whatman 滤纸(每 4 人 1 张)

恒温水平摇床(每 8 人 1 台)　　　　　　超声波清洗器(全班 1 台)

电转移装置(每 8 人 1 台)　　　　　　　海绵(每 4 人 1 张)

【实验步骤】

1.细胞总蛋白的提取与定量

(1)用预冷的 PBS (pH 7.4)洗涤培养细胞 2～3 遍，用细胞刮刮下细胞，收集在离心管中后在冰浴下超声破碎细胞，每次 30 s，3～4 次，每次间隔 1 min(超声破碎细胞后应镜检，细胞破碎率不小于 90％)。

(2)加入适量的冰预冷的细胞裂解液，4 ℃裂解 1 h，4 ℃、12000 g 离心 20 min，收集上清液。取少量上清液进行蛋白质定量，用 Branford 法测定蛋白浓度。

(3)将所有蛋白样品调整至等浓度，加上样缓冲液后直接上样电泳最好，剩余溶液分装后－80 ℃储存，每次上样前煮沸 3～5 min。

2.蛋白质的电转移

(1)剪裁与胶大小一致的硝酸纤维素膜，泡入甲醇中 1～2 min。

(2)将塑料支架平放在含有转移缓冲液的托盘上，按照海绵、3 层滤纸、硝酸纤维素膜、凝胶、3 层滤纸、海绵的顺序放置在塑料支架上，放置的过程中要除去每层的气泡。

(3)用塑料支架夹紧，放入含转膜缓冲液的电转移槽中，注意将凝胶一侧放在阴极端，硝酸纤维素膜一侧放在阳极端，插上电源，使电流控制在 150 mA 左右，转移 1.5～6 h，转移时间根据靶蛋白的大小来决定。

(4)转完后将膜取下,切去一角,将与胶面接触的一面朝上,放入 1×丽春红染液中染 5 min(于脱色摇床上摇),然后用超纯水洗膜就可看到膜上的蛋白。

3.免疫反应

(1)将膜在 PBST 中漂洗 3 次,每次 5 min。

(2)漂洗后将硝酸纤维素膜放入加有封闭液的平皿中,室温下在摇床上振荡 1 h。

(3)将封闭后的硝酸纤维素膜放入含有 PBST 的洗缸中,在摇床上漂洗 3 次,每次 5 min。

(4)洗完后将 PBST 尽可能沥干(但膜一定要保持湿润),放入一塑料袋中,加入一抗,去除袋内的所有气泡,于摇床中室温低速孵育 2 h,或 4 ℃过夜孵育。

(5)回收一抗,将硝酸纤维素膜在 PBST 洗缸中室温漂洗 3 次,每次 5 min。然后将漂洗过的硝酸纤维素膜放入加有二抗的塑料袋中,避光室温孵育 1 h。孵育后将硝酸纤维素膜在 PBST 洗缸中洗 3 次,每次 5 min。

(6)加入显色液,避光显色至出现条带时放入双蒸水中终止反应,然后将膜转入 PBS 中。

(7)照相保存结果。

【实验注意事项】

(1)参照实验 19"实验注意事项"。

(2)在转膜过程中,特别是高电流快速转膜时,通常会有非常严重的发热现象,最好把转膜槽放置在冰浴中进行转膜。

(3)一抗、二抗的稀释度、作用时间和温度对不同的蛋白要经过预实验确定最佳条件。

(4)显色液必须新鲜配制使用,最后加入 H_2O_2。

(5)DAB 有致癌的潜在可能,操作时要小心仔细。

【典型实验结果分析】

理想实验结果(见图 9.4)

用姜黄素诱导人肝癌 HEPG2 细胞凋亡,发现肿瘤细胞中 *C-myc* 基因的表达量随姜黄素浓度的增加而相应地发生变化,而作为参照物的 *β-actin* 基因的表达量无明显变化。

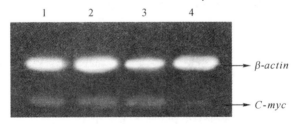

图 9.4 Western 杂交结果

1:空白对照;2:姜黄素(240 g/mL)处理后的基因表达产物;

3:姜黄素(480 g/mL)处理后的基因表达产物;4:姜黄素(960 g/mL)处理后的基因表达产物

【实验讨论】

问题：Western 杂交检测蛋白质的灵敏度为多少？

答：Western 杂交检测蛋白质的灵敏度为 $1\sim5$ ng，1 个点样孔可上样约 100 μg 的总蛋白，所以只要被检测蛋白占总蛋白量的万分之一，即可被检出。与同时电泳的标准相对分子质量蛋白比较，还可以判断其相对分子质量的大小。

【参考文献】

[1] 萨姆布鲁克 J,弗里奇 E F,曼尼阿蒂斯 T.分子克隆实验指南.2 版.金冬雁,黎孟枫,译.北京:科学出版社,1993.

第 10 章

限制性内切酶消化

限制性内切酶是一类能识别并切割双链 DNA 分子中特定核苷酸序列的 DNA 水解酶的统称,是基因操作中最重要的工具酶。

10.1 限制性内切酶的发现

20 世纪 60 年代,人们提出限制性内切酶和限制酶的概念。1968 年,Meselson 从 *Escherichia coli* K 株中分离出了第 1 个限制酶 *Eco*K。同年,Linn 和 Aeber 从 *E. coli* B 株中分离到限制酶 *Eco*B。但由于这两种酶的识别、切割位点不够专一,在基因工程操作中意义不大。

1970 年,Smith 和 Wilcox 从流感嗜血杆菌(*Haemophilus influenzae*)中分离到 1 种限制性酶,可特异性地切割 DNA,被命名为 *Hind* II,这是首次分离到的 II 型限制性内切核酸酶。由于这类酶的识别序列和切割位点具有很强的特异性,在基因工程中意义重大。

此后,发现的限制性内切酶越来越多,并且很多已经在实践中得到广泛的应用。

10.2 限制性内切酶的命名及种类

10.2.1 限制性内切酶的命名

限制性内切酶的名称根据酶的来源的属、种名而定,取属名的首字母与种名的前两个字母组成的 3 个斜体字母表示,如有株名,再加上 1 个字母,然后再按照发现的先后次序加上罗马数字。例如,从流感嗜血杆菌 d 株(*Haemophilus influenzae* d)中先后分离到 3 种限制酶,则分别命名为 *Hind* I、*Hind* II 和 *Hind* III。

10.2.2 限制性内切酶的种类

限制性内切酶的分布极为广泛,在原核生物中普遍存在,几乎在所有细菌的属、种中都发现至少 1 种限制性内切酶,有的属甚至多达几十种。目前已纯化鉴定出数千种限制性内切酶。这些限制酶根据亚基组成和识别、切割 DNA 序列的不同,可分为Ⅰ型、Ⅱ型、Ⅲ型 3 类。Ⅰ型和Ⅲ型限制性内切酶兼具甲基化酶活性及依赖 ATP 的内切酶活性。Ⅰ型酶结合于识别位点,并随机地切割识别位点不远处的 DNA。而Ⅲ型酶在识别位点上切割 DNA 分子,然后从底物上解离。Ⅱ型限制性内切酶是 2 种酶分子组成的复合体:1 种为限制性内切核酸酶,它切割某一特异的核苷酸序列;另 1 种为独立的甲基化酶,它修饰同一识别序列。至今已分离出 600 多种Ⅱ型酶,它们在基因工程中应用十分广泛。大多数Ⅱ型限制性内切酶识别长度为 4～6 个核苷酸的回文序列,切割后产生黏性末端(如 EcoRⅠ:5'-G↓AATTC-3')或平末端(如 SmaⅠ:5'-CCC↓GGG-3')。限制性内切酶对目标 DNA 有多少酶切位点,就能产生多少个酶切片段,因此鉴定酶切片段在电泳凝胶中的区带数,就可以推断酶切位点的数量,从片段的迁移率还可大致判断其大小的差异。用已知相对分子质量的线状 DNA 为对照,通过电泳迁移率的比较,可以粗略地测出分子形状相同的未知 DNA 的相对分子质量和酶切图谱。另外,相同限制性内切酶酶切产生的末端可以通过连接酶连接,载体与外源 DNA 片段通过酶切、连接等操作即可形成重组 DNA 分子。

10.3　限制性内切酶的反应体系

每一种限制性内切酶都有其最适反应条件,目前大多数商业公司的产品目录中都有关于特定酶适合何种缓冲溶液的资料可供查询,可参考说明书进行操作。综合不同酶所用的反应体系,使用限制性内切酶的一般反应条件为:

(1)通用缓冲液。根据一般限制酶的反应条件,通用缓冲液体系组成为:50 mmol/L Tris-HCl(pH 8.0),10 mmol/L MgCl$_2$,1 mmol/L 二硫苏糖醇(DTT),100 μg/mL 牛血清白蛋白(BSA),以此为基础,配制含 0、50 和 100 mmol/L NaCl 3 种浓度的反应液,依次称为低盐、中盐和高盐缓冲液。如 Promega 公司的 HindⅢ和 SalⅠ就分别选用中盐和高盐缓冲液。

(2)反应体积。一般分析用的反应体积为 20～100 μL,制备用则可为 0.5～1.0 mL。体积过小在加入各组分时易产生误差,易使甘油含量超过 5%;37 ℃水浴时易因溶液蒸发而改变各组分的浓度,影响酶活力。但反应体积过大,酶和底物浓度降低,反应效率下降,电泳时也不易产生清晰的条带。

(3)反应温度。大多数酶的反应温度为 37 ℃,温度升高会影响酶活力,如 EcoRⅠ,在 42 ℃即被灭活;而 SmaⅠ的反应温度更低,为 25 ℃。但也有温度较高的,如 Tru9Ⅰ的最适温度为 65 ℃。

(4)反应时间。一般 1～2 h。过长的酶切时间可能会产生杂酶活力。

10.4　限制性内切酶酶切图谱

DNA 限制性内切酶酶切图谱又称为 DNA 的物理图谱,是由一系列位置确定的多种限制性内切酶酶切位点组成,以直线或环状图式表示。限制性内切酶图谱的构建是 DNA 序列分析、基因组的功能图谱绘制、基因文库构建等工作中不可缺少的环节,近年来发展起来的限制性片段长度多态性(restriction enzyme fragment length polymorphic,RFLP)技术更是在其基础之上建立起来的。DNA限制性内切酶图谱的构建方法较多。通常结合使用多种限制性内切酶,通过综合分析多种酶的单酶切,以及不同组合的多种酶同时酶切所得到的限制性片段大小来确定各种酶的酶切位点及其相对位置。

实验 22　质粒的限制性内切酶消化

【实验目的】

(1) 了解限制性内切酶的作用原理。
(2) 掌握质粒的限制性内切酶酶切的方法及操作步骤。
(3) 了解限制性内切酶酶切图谱的分析方法。

实验 22　质粒
的限制性内
切酶消化

【实验原理】

载体质粒 DNA(如 pMD19T)的多克隆位点上具有 $EcoR\text{I}$、$Hind\ \text{III}$ 等限制性核酸内切酶的识别序列。通过内切酶的作用,可使质粒 DNA 由环状变为线状。通过与未酶切的质粒 DNA 及 DNA 分子大小标准参照物进行琼脂糖凝胶电泳比较,确定酶切位点,获得该质粒的限制性酶切图谱。

本章以经构建、含外源 DNA 片段的 pMD19T 质粒 DNA 为实验材料,用限制性内切酶 $EcoR\text{I}$ 和 $Hind\ \text{III}$ 进行酶切,释放小分子的外源 DNA 片段。

【实验材料、试剂及仪器】

1.实验材料
经构建的 pMD19T 质粒或其他含有外源 DNA 的重组质粒。

2.实验试剂
(1)限制性核酸内切酶 $EcoR\text{I}$ 和 $Hind\ \text{III}$。
(2)10×酶切通用缓冲溶液。
(3)无菌水。
(4)琼脂糖凝胶电泳相关试剂:参照实验 2。

3.实验仪器
恒温水浴锅(每 8 人 1 台)	200 μL 和 10 μL 无菌吸头(若干)
紫外分析仪(每 16 人 1 台)	台式低速离心机(每 8 人 1 台)
制冰机(全班 1 台)	微波炉(全班 1 台)
0.5 mL 无菌离心管(每人 1 支)	琼脂糖凝胶装置相关仪器:参照实验 2
移液器(每 2 人 1 套)	

【实验步骤】

(1)在 0.5 mL 离心管中加入(反应体系 20 μL):

质粒的限制性内切
酶消化体系的配制

无菌水	15 μL
10×酶切通用缓冲液	2 μL
pMD19T(0.1 μg/μL)	1 μL
EcoR I(10 U/μL)	1 μL
Hind Ⅲ(10 U/μL)	1 μL

(2)3000 r/min 离心 10 s,混匀。

(3)37 ℃水浴 45 min。

(4)65 ℃水浴 10 min,灭活限制性内切酶活性。

(5)取 10 μL 产物进行 1.0%琼脂糖凝胶电泳检测(参照实验 2)。

【实验注意事项】

(1)移液器使用应准确,每吸取 1 种试剂或样品应更换无菌吸头。

(2)加酶时应在冰浴中进行,一般最后加酶,并混匀。

(3)大多数限制性内切酶储存在 50%甘油溶液中,为避免高浓度的甘油抑制酶活性,加入反应的酶体积不能超过反应总体积的 1/10。

(4)终止酶反应可根据实验的需要采用不同的方法:若酶切后不需进行下一步反应,可加入含 EDTA 的终止液终止反应;若需进一步反应(如连接、切割等),可将反应管置 65 ℃保温 10~30 min,以灭活酶终止反应;也可用酚/氯仿抽提来终止反应,接着采用乙醇沉淀获得较纯 DNA,以便进一步进行酶学操作。

(5)开启离心管时,手不要接触到管盖内面,以防污染。

(6)样品在 37 ℃与 65 ℃水浴时,应将离心管盖严,以防水进入管内造成实验失败。

【典型实验结果分析】

1.理想实验结果(见图 10.1)

酶切完全,500 bp 处可见一条带,为插入 pMD19T 中的基因片段,可直接用于后续的分子生物学操作。

2.典型实验结果(见图 10.2)

酶切不完全,500 bp 处未见条带。解决办法:适当增加酶量,延长酶切时间。

【实验讨论】

问题 1:如何进行双酶切反应?

答:如果采用两种限制性内切酶,必须要注意提供它们各自的最适盐浓度等条件。若两者可用同一缓冲液,则可同时酶切,目前有可供双酶切反应的通用缓冲液。如果两个酶切位点相邻或没有共同的缓冲液,通常采用单酶切,即先用 1 种低盐浓度的限制性内切酶进行酶切,再用高盐浓度的限制性内切酶酶切;也可在第 1 个酶切反应完成后,用酚/氯仿抽

M   1   M   1

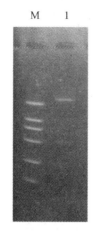 

图 10.1　pMD19T 酶切产物琼脂糖凝胶电泳结果 1　　　**图 10.2　pMD19T 酶切产物琼脂糖凝胶电泳结果 2**

M:DNA 分子大小标准参照物;1:pMD19T 酶切产物　　　　M:DNA 分子大小标准参照物;1:pMD19T 酶切产物

提,加 NaAc 和无水乙醇沉淀纯化后,进行第 2 个酶切反应。

问题 2:引起星(Star)活性的主要因素以及抑制方法有哪些?

答:(1)引起 Star 活性的原因主要有:

①甘油浓度较高[>5%(V/V)]。

②酶与底物 DNA 比例过高(>100 U/μg)。

③盐浓度较低(<25 mmol/L)。

④pH 值较高(pH>8.0)。

⑤存在有机溶剂(如乙醇等)。

(2)抑制 Star 活性的方法有:

①尽量使用较少的酶进行完全消化反应,以避免过度消化以及甘油浓度过高。

②尽量避免有机溶剂(如制备 DNA 时引入的乙醇)的污染。

③将离子浓度提高到 100~150 mmol/L(若酶活性不受离子强度影响)。

④将反应缓冲液的 pH 值降到 7.0。

【参考文献】

[1] 赵亚力,马学斌,韩为东.分子生物学基本实验技术.北京:清华大学出版社,2006.

[2] 萨姆布鲁克 J,弗里奇 E F,曼尼阿蒂斯 T.分子克隆实验指南.2 版.金冬雁,黎孟枫,译.北京:科学出版社,1993.

实验 23　λDNA 的限制性内切酶消化

【实验目的】

(1) 了解限制性内切酶的作用原理。

（2）掌握 λDNA 的限制性内切酶酶切的方法及操作步骤。

（3）了解限制性内切酶酶切图谱的分析方法。

【实验原理】

λDNA 具有 *Eco*R Ⅰ、*Hind* Ⅲ等限制性内切酶的识别序列。通过这些内切酶的作用，可将 λDNA 切割成若干条大小不等的线性片段。通过与未酶切的 λDNA 及 DNA 分子大小标准参照物进行琼脂糖凝胶电泳比较，可确定酶切位点，获得该质粒的限制性内切酶酶切图谱。

本章以 λDNA 为实验材料，用限制性内切酶 *Eco*R Ⅰ和 *Hind* Ⅲ进行双酶切，并进行限制性内切酶酶切图谱分析。

【实验材料、试剂及仪器】

1. 实验材料

λDNA。

2. 实验试剂

(1)限制性核酸内切酶 *Eco*R Ⅰ和 *Hind* Ⅲ。

(2)10×酶切通用缓冲溶液。

(3)无菌水。

(4)琼脂糖凝胶的电泳相关试剂：参照实验 2。

3. 实验仪器

恒温水浴锅（每 8 人 1 台）	200 μL、10 μL 无菌吸头（若干）
紫外分析仪（每 16 人 1 台）	台式低速离心机（每 8 人 1 台）
制冰机（全班 1 台）	微波炉（全班 1 台）
0.5 mL 无菌离心管（每人 1 支）	琼脂糖凝胶电泳相关仪器：参照实验 2
移液器（每 2 人 1 套）	

【实验步骤】

(1)在 0.5 mL 离心管中加入（反应体系 20 μL）：

无菌水	15 μL
10×酶切通用缓冲液	2 μL
λDNA(0.1 μg/μL)	1 μL
*Eco*R Ⅰ(10 U/μL)	1 μL
Hind Ⅲ(10 U/μL)	1 μL

(2)3000 r/min 离心 10 s，混匀。

(3)37 ℃水浴 45 min。

(4)65 ℃水浴 10 min，灭活限制性内切酶活性。

(5)取 10 μL 产物进行 1.0%琼脂糖凝胶电泳检测（参照实验 2）。

【实验注意事项】

同实验 22"实验注意事项"。

【典型实验结果分析】

1. 理想实验结果(见图 10.3)

酶切完全,产生 11 条带,可直接用于后续的分子生物学操作。

图 10.3　λDNA/*EcoR* Ⅰ＋*Hind*Ⅲ 酶切产物
琼脂糖凝胶电泳结果 1

1:λDNA 酶切产物

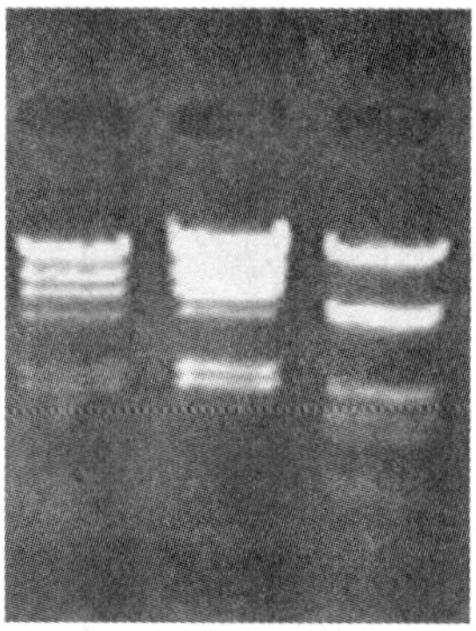

图 10.4　λDNA/*EcoR* Ⅰ＋*Hind* Ⅲ 酶切产物
琼脂糖凝胶电泳结果 2

M:DNA 分子大小标准参照物;1~2:λDNA 酶切产物

2. 典型实验结果(见图 10.4)

酶切不完全,只产生 6~7 条带。解决办法:适当增加酶量,延长酶切时间。

【实验讨论】

问题 1:如何保存限制性内切酶?

答:不太常用的限制性内切酶多在－70 ℃保存,每周或每天用的酶在－20 ℃保存。有一些酶需要不同的保存条件,具体参照供应商提供的详细使用说明。使用限制性内切酶时,应将酶保存在冰上。

问题 2:一些酶切缓冲液中常加入的牛血清白蛋白(bovine serum albumin,BSA)有何作用?

答:BSA 的作用是保护酶活性。其原理是通过提高溶液中蛋白质的浓度,为酶提供具有一定蛋白浓度的环境,防止酶在稀释液中失活。在双酶切体系中一般只要其中 1 种酶需要添加 BSA,则应选择含 BSA 的缓冲液。

【参考文献】

[1] 萨姆布鲁克 J,弗里奇 E F,曼尼阿蒂斯 T.分子克隆实验指南.2 版.金冬雁,黎孟枫,译.北京:科学出版社,1993.

第 11 章

目的基因的分离纯化

在分子生物学实验中,诸如 PCR 扩增,限制性内切酶酶切等操作对 DNA 样品的纯度均有较高的要求,蛋白质、乙醇等有机溶剂、过量的盐离子以及杂质 DNA 的存在会影响实验结果,因此,分离纯化目的基因片段是分子生物学研究与基因工程中重要的实验技术。

一般在 2 种情况下需要分离纯化目的基因片段。1 种情况是待处理的样品中除了目的基因外,含有其他性质的杂质(如蛋白质、盐离子等),这些成分将直接影响到后续的酶切、双脱氧测序反应等操作,因此,需要去除杂质,分离目的基因;另 1 种情况是样品中含有 2 种以上的 DNA 片段,其中之一是目的基因,为了避免其他非目的基因片段的干扰,需要进行目的基因的分离。针对前一种情况,通常可以采用酚/氯仿抽提与乙醇沉淀相结合的方法或者采用特异性吸附 DNA 的硅胶膜来去除蛋白质等杂质,获得目的基因。对于后一种情况,操作相对比较复杂,由于样品中含有 2 种以上的 DNA 片段,需要先利用琼脂糖凝胶电泳分离不同大小的 DNA 片段,然后将目的基因 DNA 片段形成的条带切割下来,利用凝胶熔化液处理熔化凝胶,再通过硅胶膜特异性吸附其中的 DNA,使其与其他杂质分离,进一步将 DNA 洗脱下来后,即获得所需的具有特定长度的目的基因。

理想的目的基因分离纯化方法需满足以下条件:

(1)分离纯化后的 DNA 片段应有较高的纯度。如从普通凝胶中分离出来的片段不可带有凝胶,即使是微量的凝胶对于后续的 DNA 酶切分析或连接均是不利的,因为残留的凝胶会抑制大部分的酶活力。

(2)能回收不同大小的 DNA 片段。对不同大小的 DNA 片段均能回收,特别是回收时,大片段 DNA 不发生机械性损伤与断裂。

(3)回收效率高。回收方法要对微量 DNA 也能进行操作,即回收效率相对要较高,则对于实验中获得的少量的 DNA 样品也可进行分析。

(4)操作简单,快速。在回收过程中一般不需特殊的实验设备,也不需要昂贵的试剂,并且操作时间较短。

在本章中,我们将学习目前比较常用的分离纯化目的基因的方法。

实验 24　乙醇沉淀法纯化 PCR 扩增产物

【实验目的】

（1）掌握乙醇沉淀法分离纯化 DNA 的原理。

（2）掌握用乙醇沉淀法分离纯化 PCR 产物的方法及操作步骤。

【实验原理】

PCR 产物中除了扩增获得的目的基因片段外，还有很多杂质，包括模板 DNA、剩余的引物、Taq 酶、Mg^{2+} 等，这些成分将直接影响到后续的酶切、双脱氧测序反应等过程，因此，在进行下一步操作前，需要纯化目的基因片段。纯化的方法很多，常用的有乙醇沉淀法与硅胶膜吸附法。乙醇沉淀法利用 DNA 不溶于乙醇的特性，将 PCR 产物经酚/氯仿抽提后，加入乙醇中（为了提高回收率，在无水乙醇中往往加入乙酸钠），使目的基因片段沉淀下来。将沉淀重新溶解于 TE 缓冲液，即获得了纯化的目的基因片段。该方法的优点是简单经济，但是得率有时较低，特别是对于小片段 PCR 产物。硅胶膜吸附法是利用硅胶膜能特异性地吸附 PCR 反应产物中的 DNA 的特性来分离纯化目的基因片段的一种方法，目前市场上的大部分 PCR 产物纯化试剂盒都以此方法为基础。该方法的优点是得率较高，但是试剂盒价格比较昂贵。在本实验中，我们使用乙醇沉淀法纯化 PCR 产物。

【实验材料、试剂及仪器】

1. 实验材料

PCR 扩增产物 $50\sim100\ \mu\mathrm{L}$。

2. 实验试剂

（1）酚/氯仿/异戊醇（$V:V:V=25:24:1$）。

（2）3 mol/L NaAc 溶液（pH 5.2）。

（3）无水乙醇。

（4）70% 乙醇。

（5）TE 缓冲液：10 mmol/L Tris-HCl（pH 8.0），1 mmol/L EDTA（pH 8.0），121 ℃ 高压灭菌 20 min，备用。

（6）琼脂糖凝胶电泳相关试剂：参照实验 2。

3. 实验仪器

台式高速离心机（每 8 人 1 台）

移液器（每 2 人 1 套）

1.5 mL 无菌离心管（每人 2 支）

1 mL、200 μL、20 μL 无菌吸头（若干）

吸水纸（每 4 人 1 卷）

琼脂糖凝胶电泳相关仪器：参照实验 2

【实验步骤】

(1) 将 PCR 产物转移到 1.5 mL 离心管中,用无菌水将 PCR 产物补足到 400 μL。

(2) 加入等体积酚/氯仿/异戊醇,振荡混匀后,12000 r/min 离心 5 min,将上清液转移到 1 个新的 1.5 mL 离心管中。

(3) 加入 2 倍体积的无水乙醇与 1/10 体积的 3 mol/L NaAc,混匀,－20 ℃ 放置 30 min,12000 r/min 离心 10 min,弃上清液。

(4) 加入 0.5 mL 70％乙醇,12000 r/min 离心 5 min,弃上清液,室温干燥。

(5) 加入 20 μL TE 缓冲液(pH 8.0),溶解。

(6) 取 5 μL 产物进行 1.0％琼脂糖凝胶电泳检测(参照实验 2)。

【实验注意事项】

(1) 酚/氯仿/异戊醇抽提后上清液转移时不要将上、下层之间的絮状物吸出。

(2) 用 70％乙醇洗涤后要放置于室温干燥,确保离心管管壁不再有水的痕迹,再加入 TE 缓冲液溶解。

(3) 加入 TE 缓冲液溶解时,离心管内液体要用手指充分弹匀,以确保吸附在离心管管壁上的 DNA 充分溶解。

【典型实验结果分析】

理想实验结果(见图 11.1)

纯化后得到的 PCR 产物条带清晰,亮度较高,大小与预期相符,无其他杂带。

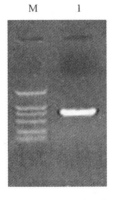

图 11.1　PCR 产物纯化后的琼脂糖凝胶电泳结果

M:DNA 分子大小标准参照物;1:纯化后的 PCR 产物

【实验讨论】

问题:在乙醇沉淀过程中,加入乙酸钠的作用是什么?

答:提高阳离子强度,中和 DNA 表面阴离子,利于 DNA 沉淀,提高 DNA 提取效率。

【参考文献】

[1] 奥斯伯 F M,金斯顿 R E,赛德曼 J G,等.精编分子生物学实验指南.4 版.马学海,舒跃龙,等,译校.北京:科学出版社,2005.

实验 25　硅胶膜吸附法纯化 PCR 扩增产物

【实验目的】

(1) 掌握硅胶膜纯化 DNA 的原理。

(2) 掌握利用硅胶膜吸附法纯化 PCR 扩增产物的方法及操作步骤。

【实验原理】

硅胶膜吸附法是利用硅胶膜在低 pH 值、高盐条件下特异性吸附 PCR 反应产物中的 DNA,并洗涤去除其他杂质,再利用高 pH 值、低盐洗脱液将目的基因片段从硅胶膜上洗脱下来,从而分离纯化目的基因片段的 1 种方法。目前常用的 PCR 产物纯化试剂盒大多基于该方法,并将硅胶膜制成离心柱形,便于操作。这一方法的特点有:回收率高,对 0.1～10 kb 的 DNA 的回收率可达 60%～90%;不需要使用酚、氯仿等有机溶剂;操作简便,整个过程一般可以在 20 min 内完成。

【实验材料、试剂及仪器】

1.实验材料

PCR 扩增产物 50 μL。

2.实验试剂

(1)无水乙醇。

(2)PCR 产物回收试剂盒:本实验使用上海生工生物工程技术服务有限公司生产的 UNIQ-10 柱式 PCR 产物回收试剂盒(Cot. No. SK1141)。试剂盒中包含 Binding Buffer Ⅲ (结合缓冲液 Ⅲ)、Wash Solution(洗涤溶液)、Elution Buffer(洗脱缓冲液)、UNIQ-10 Column(吸附柱)、Collection Tube(收集管)。

3.实验仪器

台式高速离心机(每 8 人 1 台)　　　　　1 mL、200 μL、20 μL 无菌吸头(若干)

移液器(每 2 人 1 套)　　　　　　　　　琼脂糖凝胶电泳相关仪器:参照实验 2

1.5 mL 无菌离心管(每人 2 支)

【实验步骤】

(1) 将 PCR 产物转移到 1.5 mL 离心管中,加入 5 倍体积的 Binding Buffer Ⅲ,混匀。

（2）将 UNIQ-10 Column 放置到收集管上,将混匀后的 PCR 产物转移到 UNIQ-10 Column 中,室温放置 2 min 后,10000 r/min 离心 1 min。

（3）倒掉收集管中的废液,再将 UNIQ-10 Column 放回收集管,加入 500 μL Wash Buffer,10000 r/min 室温离心 1 min。

（4）重复步骤（3）。

（5）倒掉收集管中的废液,再将 UNIQ-10 Column 放回收集管,10000 r/min 室温离心 2 min。

（6）将 UNIQ-10 Column 放到 1 个新的 1.5 mL 离心管中,自然晾干 5～10 min。

（7）在膜中央加入 30～40 μL Elution Buffer,室温放置 5 min 后,10000 r/min 离心 1 min,收集所得液体,即为纯化的 DNA 片段。

（8）取 5 μL 产物进行 1.0％琼脂糖凝胶电泳检测（参照实验 2）。

【实验注意事项】

（1）在将溶液加入 UNIQ-10 Column 时,枪头不要触碰硅胶膜。

（2）加入 Elution Buffer 时,需对准硅胶膜中心区域。

（3）Elution Buffer 可预先加热到 60 ℃,这样可以提高洗脱效率。

【典型实验结果分析】

理想实验结果（见图 11.2）

经硅胶膜吸附法纯化的 PCR 产物条带清晰,大小与预期相符,无其他杂带。

【实验讨论】

问题:利用本方法纯化 PCR 扩增产物,DNA 片段的大小对最终得率有无影响?

答:大部分 PCR 产物回收试剂盒中的硅胶膜吸附长度 0.5～5 kb 的 DNA 的效率最高,如果 DNA 片段长度较小或较大,都会影响 DNA 的最终得率。为解决这一问题,可增加 DNA 样品总量,并将 Elution Buffer 预先加热到 60 ℃,以提高最终得率。

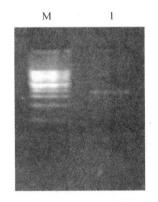

图 11.2　PCR 产物纯化后的琼脂糖凝胶电泳结果
M:DNA 分子大小标准参照物;1:纯化后的 PCR 产物

【参考文献】

[1] UNIQ-10 柱式 PCR 产物回收试剂盒(Cot. No. SK1141)说明书. 上海生工生物工程技术服务有限公司.

实验 26　外源 DNA 的琼脂糖凝胶电泳回收

实验 26　外源
DNA 的琼脂糖
凝胶电泳回收

【实验目的】

(1) 掌握割胶回收外源 DNA 的原理。

(2) 掌握琼脂糖凝胶电泳割胶回收外源 DNA 片段的方法及操作步骤。

【实验原理】

DNA 经琼脂糖凝胶电泳后,切下要回收的含 DNA 的琼脂块,采用 DNA 胶回收试剂盒回收 DNA。DNA 胶回收试剂盒包括 DNA 凝胶熔化液、DNA 洗涤液和 DNA 洗脱液。其原理是:琼脂糖凝胶块在凝胶熔化液(溶液 I)中被迅速熔化并释放出 DNA,DNA 片断被选择性吸附到硅胶膜上,经 DNA 洗涤液(溶液 II)洗涤去除残留在硅胶膜上的杂质和高浓度盐离子后,吸附到硅胶膜上的 DNA 片断经微量水或 DNA 洗脱液(溶液 III)洗脱下来。该方法回收率高且不降解 DNA,操作简单、快速、方便,纯化的 DNA 适合于任何分子生物学操作(如酶切、克隆、测序等)。此方法也适用于去除盐、有机溶剂、未反应的寡核苷酸、引物、引物二聚体标记或 PCR 反应中的酶。

【实验材料、试剂及仪器】

1. 实验材料

PCR 扩增产物 50 μL,或酶切后释放小片段 DNA 的重组质粒。

2. 实验试剂

DNA 胶回收试剂盒:购自上海生工生物工程技术服务有限公司。试剂盒中包括凝胶熔化液(溶液 I)、DNA 洗涤液(溶液 II)和 DNA 洗脱液(溶液 III)。

3. 实验仪器

台式高速离心机(每 8 人 1 台)　　　　　移液器(每 2 人 1 套)

恒温水浴锅(每 8 人 1 台)　　　　　　　200 μL、1 mL 无菌吸头(若干)

1.5 mL 无菌离心管(每人 4 支)

【实验步骤】

(1) 1.4% 琼脂糖凝胶电泳(教师完成)。

(2) 用手术刀将目的 DNA 片段琼脂块割下,称量琼脂块的质量。

目的 DNA 片段
琼脂块的割取

(3) 将琼脂块放在离心管内用 1 mL 枪头捣碎,加入等体积的溶液 I (如胶为 100 mg,则加 100 μL 溶液 I),颠倒混匀,50~60 ℃ 水浴加热约 10 min 至胶全熔。其间,需颠倒混匀三四次,以加速凝胶熔解。如果胶碎片较小,3~5 min 即可全熔;凝胶碎片较大,则需较长时间,胶全熔后至少再 50~60 ℃ 水浴加热 2 min。

（4）将胶加入 DNA 纯化柱内，室温放置 1 min 后，最高速（16000 g 左右）离心 1 min，倒弃收集管内的液体。（注：这一步一定要达到 16000 g，较低离心速度会导致回收效率下降。）

琼脂糖凝
胶块的熔解

（5）在 DNA 纯化柱内加入 700 μL 溶液Ⅱ，室温放置 1 min 后，最高速离心 1 min，洗去杂质，倒弃收集管内的液体。

（6）再加入 500 μL 溶液Ⅱ，最高速离心 1 min，进一步洗去杂质，倒弃收集管内的液体。最高速再离心 1 min，除去残留液体，并让残留的乙醇充分挥发。

（7）将 DNA 纯化柱置于 1.5 mL 离心管上，加入 30 μL 溶液Ⅲ至管内柱面上，放置 5 min 后，最高速离心 1 min，所得液体即为高纯度 DNA。

【实验注意事项】

（1）进行步骤（4）时，如果样品体积较大，DNA 纯化柱内容纳不下，可以先把部分样品加入纯化柱内，经离心处理后，再加入剩余的样品继续处理。

（2）进行步骤（7）时，溶液Ⅲ需要直接加至管内柱面中央，使液体被纯化柱吸收（如果不慎将溶液Ⅲ沾在管壁上，一定要震动管子，使液体滑落到管底，以便被纯化柱吸收。也可用重蒸水或 MiliQ 级纯水替代溶液Ⅲ，但是水的 pH 应不小于 6.5），再放置较长时间（如 3～5 min），会对提高产量略有帮助。

【典型实验结果分析】

理想实验结果（见图 11.3）

得到与预期大小一致的目的片段，条带清晰，无杂质。

【实验讨论】

问题 1：琼脂糖凝胶的多少对实验结果有无影响？

答：采用熔胶法来纯化 DNA 时，必须将琼脂糖凝胶完全熔解。因此，若琼脂糖凝胶量过多，不仅增加了凝胶熔化液的用量，而且不利于凝胶的完全熔解，会影响后续的操作；若凝胶量过少，则所含的 DNA 量就少，获得的 DNA 量也少。

问题 2：本实验对 DNA 的量有无限制？

答：DNA 纯化柱对所结合的 DNA 量有一定的限制，因此，采用此方法时，DNA 的量不可过多，也不可过少。若 DNA 量过少，则达不到 DNA 纯化柱的最大结合量，浪费了 DNA 柱子；若 DNA 的量过多，则超出了 DNA 纯化柱的最大结合量，减少了 DNA 得率。

图 11.3　琼脂糖凝胶回收 DNA 片段

M：DNA 分子大小标准参照物；
1：纯化后的 PCR 产物

【参考文献】

[1] 萨姆布鲁克 J，弗里奇 E F，曼尼阿蒂斯 T.分子克隆实验指南.2 版.金冬雁，黎孟枫，译.北京：科学出版社,1993.

第 12 章

DNA 的体外重组

重组 DNA(recombinant DNA)技术是基因工程的核心技术。该技术通过将外源基因进行体外重组后导入受体细胞,使该基因能在受体细胞内复制、转录、翻译和表达,整个操作由酶切、连接、转化、增值、检查、表达等步骤组成。用 DNA 连接酶将外源 DNA 片段和载体连接后所形成的 DNA 分子称为重组质粒,或重组子。

12.1 常用的载体

选用合适的克隆载体是成功进行体外重组的关键要素之一。常用的载体大多是经过人工改造的质粒、噬菌体或病毒载体。作为载体必须具备几个条件:能在细胞内自主复制;具备适合的酶切位点,且这些位点不在复制原点区域内;有筛选标记等。最常用的为 pBR322 质粒。该质粒是大小为 4362 bp 的环状双链 DNA 载体,有 2 个抗药性基因(四环素和氨苄青霉素)、1 个复制起始点和多个用于克隆的限制性内切酶酶切位点。2 个抗生素基因中均含供插入外源 DNA 用的不同的单一酶切位点。一般只选 1 个抗生素基因作为插入外源 DNA 之用,外源 DNA 插入后该抗生素抗性失活,另一抗生素抗性基因则作为转化细菌后筛选阳性克隆之用。

由于很多 DNA 聚合酶在进行 PCR 扩增时会在 PCR 产物双链 DNA 每条链的 3'端加上 1 个突出的碱基 A,因此为了克隆操作的方便,很多商业化载体经改造后每条链的 3'端带有 1 个突出的 T,这样,载体的两端就可以和 PCR 产物的两端进行正确的 A-T 配对,在连接酶的催化下,就可以把 PCR 产物连接到载体中,形成含有目的片断的重组载体。这种经过改造的能进行 TA 克隆的载体称为 T 载体。T 载体是目前最常用的商品化克隆载体,如 pMD18T、pMD19T、pUCm-T 等。

12.2 外源 DNA 与载体的连接方法

外源 DNA 片段和线状质粒载体 DNA 的连接,也就是在双链 DNA 5'磷酸和相邻的 3'羟基之间形成新的共价键,这种相邻的磷酸二酯键可在体外由大肠杆菌 DNA 连接酶和 T4

噬菌体 DNA 连接酶催化形成。其中，T4 噬菌体 DNA 连接酶最为常用，它能连接平端 DNA 片段。

进行 DNA 连接的方法很多，主要有黏性末端连接、平末端连接、加接头连接、同聚尾连接、T 载体连接等。实际操作过程中采用何种方法，主要依据外源 DNA 片段末端的性质、外源 DNA 与载体上限制性内切酶位点的性质等进行选择。通常黏性末端连接法的效率较高，常采用牛小肠碱性磷酸酶(CIAP)进行去磷酸化处理，防止载体的自身环化。

12.2.1　黏性末端连接法

黏性末端包括非互补黏性末端和相同的黏性末端。非互补黏性末端是由 2 种不同的限制性内切酶消化而产生的，常用的质粒载体都带有由多个不同种类的限制性内切酶的识别序列组成的多克隆位点，便于找到与外源 DNA 片段末端匹配的限制性内切酶酶切位点的载体，进行定向克隆；另外，也可在 PCR 扩增时，人为地在 DNA 片段两端加上不同酶切位点以产生这种黏性末端和载体连接。相同的黏性末端是经相同的酶或同尾酶酶切后得到的末端，连接反应中易发生自身环化或形成寡聚物，可将质粒 DNA 的 5' 磷酸基团用碱性磷酸酶进行去磷酸化处理，抑制其自身环化。

12.2.2　平末端连接法

平末端是由产生平末端的限制性内切酶或核酸外切酶消化后产生，或由 DNA 聚合酶补平所致。平末端的连接效率比黏性末端要低得多，在其连接反应中，使用 T4 DNA 连接酶，并适当提高酶、外源 DNA 和载体 DNA 的浓度，或加入适量聚乙二醇(PEG 8000)等促进 DNA 分子凝聚以提高转化效率。

12.2.3　加接头连接法

当外源 DNA 的末端与载体的末端无法匹配时，可以在外源 DNA 片段末端或线状质粒 DNA 末端接上合适的接头使其匹配，也可以使用 *Escherichia coli* DNA 聚合酶 I 的 Klenow 大片段部分填平 3' 凹端，使不相匹配的末端转变为平末端或互补末端后再进行连接。人工接头分子连接是在 2 个平整末端 DNA 片段的一端接上用人工合成的寡聚核苷酸接头片段，该片段含有某一限制性内切酶的识别位点，经这一限制性内切酶消化便可产生具有黏性末端的 2 个 DNA 片段，从而可以用 DNA 连接酶进行连接。

12.2.4　同聚末端连接法

同聚末端连接法是利用同聚物序列，如多聚 A 与多聚 T 之间的退化作用完成连接。

在脱氧核苷酸转移酶(末端转移酶)作用下，在 DNA 的 3' 羧基端合成的低聚多核苷酸。如果把所需要的 DNA 片段接上 1 串 A，把载体分子接上 1 串 T，即可通过在两者间形成互补氢键而连接起来。

12.2.5　T 载体连接法

T 载体连接法是目前较为常用的 DNA 重组方法。其原理是利用 PCR 扩增过程中，*Taq* 酶能够在 PCR 产物的 3'末端加上 1 个非模板依赖的 A，而 T 载体是 1 种带有 3'T 突出端的载体，在连接酶作用下，可以把 PCR 产物直接插入质粒载体的多克隆位点中。

本章分别介绍了 T 载体连接法和黏性末端连接法。

实验 27　PCR 产物直接克隆

【实验目的】

(1) 掌握 PCR 产物直接克隆的 T 载体连接法的原理。

(2) 学习并掌握采用 T 载体连接法进行 PCR 产物的直接克隆的方法及操作步骤。

实验 27　PCR 产物
直接克隆

【实验原理】

DNA *Taq* 聚合酶在 PCR 反应过程中能够在 PCR 产物的 3'末端加上 1 个非模板依赖的 A，而 T 载体是 1 种带有 3'T 突出端的载体，在连接酶的作用下，T 载体的两端就可以和 PCR 产物的两端进行正确的 A-T 配对，可以把 PCR 产物直接插入 T 载体的多克隆位点中，形成含有目的片断的重组载体，达到对 PCR 产物直接进行重组克隆的目的。常用的 T 载体有 pUCm-T、pMD19T 等。

pUCm-T 载体是在 pUC19 载体的基础上改造而成，是大小为 2.7 kb 的双链 DNA 质粒，有 1 个复制起点、1 个氨苄青霉素抗性基因和 1 个多克隆位点，适合于 DNA 片段的克隆、DNA 测序、对外源基因进行表达等。由于核载体在 *lacZ* 领域中含有多克隆位点，因此在转化 *lacZ* 缺陷型宿主细胞（如 JM109 等)后，在含有 IPTG、X-gal 的平板上培养时，很容易通过蓝白筛选判断载体中有无 DNA 片段的插入。同时，还可以通过载体上的 *lac* 启动子表达外源基因、对插入载体中的 DNA 片段进行测序等。进行 DNA 测序时，可以方便地使用 M13 系列的通用引物。pUCm-T 载体如图 12.1 所示。

pMD19T 载体是 1 种高效克隆（TA 克隆) PCR 产物的专用载体，由 pUC19 载体改建而成，在 pUC19 载体的多克隆位点处的 *Xba* Ⅰ和 *Sal* Ⅰ识别位点之间插入了 *EcoR* Ⅴ识别位点，用 *EcoR* Ⅴ进行酶切反应后，再在两侧的 3'端添加"T"。因大部分耐热性 DNA 聚合酶进行 PCR 反应时都有在 PCR 产物的 3'末端添加 1 个"A"的特性，所以采用 T 载体可以直接进行 PCR 的产物连接和克隆。pMD19T 载体的 β-半乳糖苷酶的表达活性更高，菌落显示蓝色的时间缩短，颜色更深。因此，克隆后更容易进行克隆体的蓝白斑筛选。pMD19T 载体如图 12.2 所示。

重组质粒可以通过转化大肠杆菌后，经 α-互补筛选或蓝白斑筛选，对筛选出的白斑菌

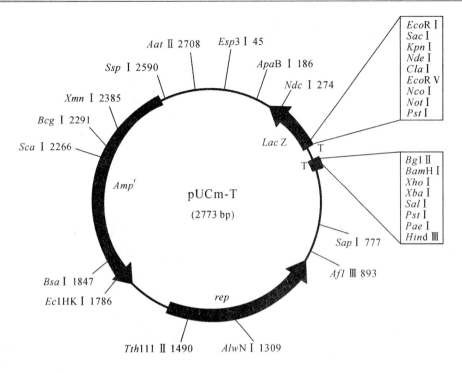

图 12.1　pUCm-T 载体的图谱

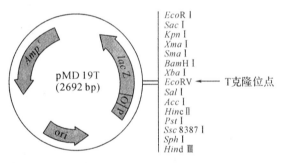

图 12.2　pMD19T 载体的图谱

落可进一步用酶切电泳或 PCR 法进行鉴定。对于重组的质粒可以使用载体多克隆位点上的 2 个 *Pst* I 酶切位点进行 *Pst* I 单酶切鉴定,也可以使用廉价且高效的 *EcoR* I、*BamH* I、*Xba* I、*Hind* III 等内切酶进行双酶切鉴定。构建完成的质粒可以通过质粒上的正反 2 个 M13 引物位点进行测序或通过 T7 启动子上的 T7 引物位点进行测序;可以利用 T7 RNA 聚合酶启动子进行体外转录,用于探针标记等。

【实验材料、试剂及仪器】

1.实验材料

经回收的 PCR 扩增 DNA 片段、T 载体。

2.实验试剂

(1)T4 连接酶。

(2)10×T4 连接酶缓冲液。

(3)无菌水。

3.实验仪器

生化培养箱(全班 1 台)　　　　　　　移液器(每 2 人 1 套)

制冰机(全班 1 台)　　　　　　　　　10 μL 无菌吸头(若干)

冰盒(每 2 人 1 个)　　　　　　　　　台式低速离心机(每 8 人 1 台)

0.5 mL 无菌离心管(每人 1 支)

【实验步骤】

在 0.5 mL 离心管中加入(反应体系 20 μL)：

PCR 回收产物　　　　　　　　　　10 μL

T 载体　　　　　　　　　　　　　1 μL

10×T4 连接酶缓冲液　　　　　　　2 μL

T4 连接酶　　　　　　　　　　　1 μL

无菌水　　　　　　　　　　　　　6 μL

3000 r/min 短暂离心混匀,16 ℃连接 2～4 h。

载体与目的 DNA
连接反应体系的配制

【实验注意事项】

(1) 连接反应温度要适中。若温度过高,黏性末端之间形成的氢键不稳定;若温度过低,会影响连接酶的活性。

(2) 使用 Tip 头吸取酶液过程中应准确,避免 Tip 头外带有过多的酶。

(3) T4 DNA 连接酶在冰上长时间放置不稳定,最好在使用时取出,用后立即放回 −20℃冰箱。

【实验讨论】

问题:PCR 产物可以直接进行连接反应吗？

答:PCR 产物片段需先回收纯化,因为 PCR 产物中含有杂质 DNA 片段、残存引物等杂质,都会影响 TA 克隆效率。

【参考文献】

[1]萨姆布鲁克 J,弗里奇 E F,曼尼阿蒂斯 T.分子克隆实验指南.2 版.金冬雁,黎孟枫,译.北京:科学出版社,1993.

实验 28　黏性末端的连接

【实验目的】

(1) 掌握黏性末端连接方法的原理。

(2) 掌握采用黏性末端连接法将外源 DNA 装入载体的方法和操作步骤。

【实验原理】

在 pH7.5～7.6、Mg^{2+} 和 ATP 存在的条件下,将经酶切的载体分子与外源 DNA 分子连接起来,成为 1 个重组 DNA 分子。连接酶有 T4 噬菌体 DNA 连接酶、大肠杆菌 DNA 连接酶等。其中 T4 噬菌体 DNA 连接酶既可连接黏性末端,又可连接平末端。连接反应的温度在 37 ℃时有利于连接酶的活性,但考虑到黏性末端形成的氢键在低温下更加稳定,一般在连接黏性末端时,反应温度可用 10～16 ℃。反应时间根据各种连接酶的活性确定,目前大部分市场化的连接酶连接时间在 1～12 h。

本实验使用 T4 噬菌体 DNA 连接酶,将经 *EcoR* I 和 *Hind* Ⅲ 双酶切消化并回收纯化得到的 pET28(a)质粒线性 DNA 片段和 λDNA 片段进行重组连接,使学生掌握黏性末端的重组连接方法。

【实验材料、试剂及仪器】

1.实验材料

经 *EcoR* I 和 *Hind* Ⅲ 双酶切消化并回收纯化的 pET28(a)质粒线性 DNA 片段、λDNA 双酶切消化回收片段。

2.实验试剂

(1)T4 连接酶。

(2)10×T4 连接酶缓冲液。

(3)无菌水。

3.实验仪器

生化培养箱(全班 1 台)	移液器(每 2 人 1 套)
制冰机(全班 1 台)	10 μL 无菌吸头(若干)
冰盒(每 2 人 1 个)	台式低速离心机(每 8 人 1 台)
0.5 mL 无菌离心管(每人 1 支)	

【实验步骤】

(1)在 0.5 mL 离心管中加入(反应体系 20 μL)：

　　　λDNA 酶切回收产物　　　　　　　　　　10 μL

pET28(a)质粒酶切回收产物	1 μL
10×T4 连接酶缓冲液	2 μL
T4 连接酶	1 μL
无菌水	6 μL

（2）3000 r/min 短暂离心混匀,16 ℃连接 2～4 h 或过夜。

【实验注意事项】

同实验 27"实验注意事项"。

【实验讨论】

问题:PCR 产物和载体 DNA 的量如何确定?

答:在进行克隆时,载体 DNA 和外源插入 DNA 片段的物质的量之比一般为 1∶10～1∶2。

【参考文献】

[1] 萨姆布鲁克 J,弗里奇 E F,曼尼阿蒂斯 T.分子克隆实验指南.2 版.金冬雁,黎孟枫,译.北京:科学出版社,1993.

第 13 章

感受态细胞的制备及转化

13.1 转 化

在自然条件下,很多质粒都可通过细菌接合作用转移到新的宿主内;但人工构建的质粒载体中一般缺乏此种转移所必需的 *mob* 基因,因此不能自行完成从 1 个细胞到另 1 个细胞的接合转移。

在基因克隆技术中,转化是指将质粒 DNA 或以其为载体构建的重组 DNA 导入细菌体内,使之获得新的遗传特性的 1 种方法。它是微生物遗传、分子遗传、基因工程等研究领域的基本实验技术之一。在原核生物中,转化是 1 个较普遍的现象。在细胞间转化是否发生,一方面取决于供体菌与受体菌两者在进化过程中的亲缘关系,另一方面还与受体菌是否处于感受态有着很大的关系。常用的转化方法有电击转化法和化学转化法。化学法简单,快速,稳定,重复性好,菌株适用范围广,感受态细菌可以在 $-70\ ℃$ 保存,因此被广泛用于外源基因的转化。化学转化法包括 $CaCl_2$、氯化铷、$MgCl_2$ 等方法,所有化学法均需制备感受态细胞。电击法适用于大多数大肠杆菌和小于 15 kb 的质粒,与化学法相似。电击法转化线性质粒的效率很低,是闭环 DNA 的 $1/1000 \sim 1/10$。

13.2 感受态细胞的制备方法

细菌处于容易吸收外源 DNA 的状态叫感受态。感受态细胞的制备方法也许很多,但总体上都是用金属离子处理一定时间。所用的离子有 Ca^{2+}、Mg^{2+}、Mn^{2+} 等。主要方法有以下几种:①Hanahan 方法。它是 1 种高效的转化策略,适用于很多分子克隆中常用的大肠杆菌(如 DH1、DH5、MM294、JM108/109、DH5α 等),但也有一些株系的大肠杆菌(如MC1061)不能采用这个方法。用 Hanahan 方法可以重复性很好地制备出效率很高的大肠杆菌感受态细胞(5×10^8 个转化克隆/μg 超螺旋质粒 DNA)。②Inoue 方法。它可制备超级感受态细胞。采用 Inoue 方法制备大肠杆菌感受态细胞很好时能达到 Hanahan 方法的转化效率,但在标准实验室条件下,达到 $1 \times 10^8 \sim 3 \times 10^8$ 个转化克隆/μg 质粒 DNA 的转化效率更为常见。这一方法与其他方法所不同的是细菌在 18 ℃进行培养,而不是通常的 37 ℃。分子克隆中很多常用的大肠杆菌株系都适用于这种方法。③冷氯化钙法。冷氯化钙法常用于批量制备感受态细胞,其转化效率可达到 $5\times10^6\sim2\times10^7$ 个转化克隆/μg 超螺旋质粒 DNA。

实验 29　大肠杆菌感受态细胞的制备及转化

实验 29　大肠杆菌感受
态细胞的制备与转化

【实验目的】

(1) 掌握受态细胞的冷氯化钙制备方法的原理。

(2) 掌握冷氯化钙制备大肠杆菌感受态细胞的方法及操作步骤。

(3) 掌握外源 DNA 转化大肠杆菌感受态细胞的方法及操作步骤。

【实验原理】

细菌处于 0 ℃、CaCl$_2$ 低渗溶液中,菌细胞膨胀成球形。转化混合物中的 DNA 形成抗 DNA 酶的羟基-钙磷酸复合物黏附于细胞表面,经 42 ℃短时间热激处理,促进细胞吸收 DNA 复合物。将细菌放置在非选择性培养基中保温一段时间,促使在转化过程中获得的新的表型(如 Amp^r 等)得到表达,然后将此细菌培养物涂在含有相应抗生素(如卡那霉素、氨苄青霉素)的选择性培养基上。转化体在含有相应抗生素的选择性培养基上能够存活,而未受转化的受体细胞因无法抵抗抗生素的能力而不能存活,因此就不能在选择培养基上形成菌落。

【实验材料、试剂及仪器】

1.实验材料

大肠杆菌 BL21(DE3)、JM109、HB101 或 DH5α。

2.实验试剂

(1)LB 液体培养基:10 g 细菌培养用胰蛋白胨(tryptone),5 g 细菌培养用酵母抽提物(yeast extract),10 g NaCl,溶于 800 mL 水中,加热溶解后,用 10 mol/L NaOH 调节 pH 值至 7.0,121 ℃高压灭菌 20 min,备用。

(2)LB 固体培养基:10 g 细菌培养用胰蛋白胨,5 g 细菌培养用酵母抽提物,10 g NaCl,15 g 琼脂粉,溶于 800 mL 水中,加热溶解后,用 10 mol/L NaOH 调节 pH 值至 7.0,121 ℃高压灭菌 20 min,备用。

(3)80% LB 甘油保存液:胰蛋白胨 10 g,酵母提取物 5 g,NaCl 10 g,甘油 800 mL,用 2 mol/L NaOH 调 pH 值至 7.0~7.5,用蒸馏水定容至 1000 mL,分装后高压蒸汽灭菌

备用。

(4)1 mol/L CaCl$_2$ 溶液:称取 CaCl$_2$-2H$_2$O 147 g 溶于 300 mL 蒸馏水中,加水定容至 1000 mL,用 0.22 μm 滤膜过滤除菌,分装成小份,－20 ℃储存。

(5)外源 DNA 片段

①重组质粒 DNA(pET28a-V):由实验 11 制备。

②DNA 连接产物:由实验 27 或 28 制备。

(6)100 mmol/L CaCl$_2$ 溶液:用 1 mol/L CaCl$_2$ 溶液稀释。

(7)TE 缓冲液:10 mmol/L Tris-HCl (pH 8.0),1 mmol/L EDTA (pH 8.0),121 ℃高压灭菌 20 min,备用。

3. 实验仪器

高速离心机(每 4 人 1 台)	台式低温高速离心机(每 4 人 1 台)
恒温摇床(全班 1 台)	紫外分光光度计(每 8 人 1 台)
恒温箱(全班 1 台)	1.5 mL 无菌离心管(若干)
－20 ℃冰箱(全班 1 台)	1 mL 无菌吸头(若干)
恒温水浴锅(每 4 人 1 台)	微量移液器(每 2 人 1 套)
高压灭菌锅(全班 1 台)	超净工作台上的相关器具:培养皿接种
电子天平(每 8 人 1 台)	针、酒精灯、锡箔纸、称量纸、量筒、离心
制冰机(全班 1 台)	管架、无粉乳胶手套、平底锥形瓶(1 L)、
超净工作台(每 8 人 1 台)	泡沫冰盒等

【实验步骤】

1. 菌体的培养

(1)从 LB 平板上挑取新活化的大肠杆菌单菌落,接种于 3～5 mL LB 液体培养基中,37 ℃、230 r/min 振荡培养 12～16 h。

(2)将该菌悬液以 1∶100～1∶50 的比例接种于 100 mL LB 液体培养基中,37 ℃、250 r/min 振荡培养 2～3 h 至 OD$_{600}$＝0.3～0.5(肉眼对光观察略有混浊即可)。

2. 感受态细胞的制备(冷氯化钙法)

(1)将培养液转入 1 个无菌、冰预冷的 50 mL 离心管中,冰上放置 10 min,使培养物冷却至 0 ℃,4 ℃、5000 r/min 离心 10 min,弃上清液,将管倒置 1 min,使最后残留的培养液流尽。

(2)每 50 mL 初始培养液用 30 mL 预冷的 0.1 mol/L CaCl$_2$ 轻轻重悬每份细胞沉淀,置于冰上 30 min,4 ℃、5000 r/min 离心 10 min,弃上清液,将管倒置 1 min,使最后残留的培养液流尽。

(3)每 50 mL 初始培养物中加 2 mL 预冷的 0.1 mol/L CaCl$_2$ 重悬沉淀,冰浴 1 h。

注:此时,可以将制备的细胞直接转化;也可以将细胞放置在 4 ℃冰箱中,于 1～7 d 内使用;也可以将细胞液各取 200 μL 转移到无菌的 1.5 mL 离心管中(每管加入 80% LB 甘油保存液 30 μL 至甘油终浓度约为 10%),－70 ℃长期保存。

3. 转化

(1)新制备或从 70 ℃冰箱中取 200 μL 感受态细胞悬液,室温下使其解冻,解冻后立即置冰上。

(2)将要转化的 DNA 片段加入装有感受态细胞的管中(50 μL 感受态细胞需 25 ng DNA,体积不应超过感受态细胞的 5%),轻轻摇匀,冰上放置 30 min。实验中至少设 1 个对照管:以同体积的无菌蒸馏水代替 DNA,即对照管中只有感受态细胞。

(3)将管放入预热加温至 42 ℃的循环水浴中 90 s,不要摇动管。(热激是 1 个关键步骤,准确地达到热激温度非常重要。)热激后迅速置于冰上冷却 3～5 min。

(4)向管中加入 800 μL LB 液体培养基(不含抗生素),混匀后 37 ℃振荡培养 1 h,使细菌恢复正常生长状态,并表达质粒编码的抗生素抗性基因。

重组质粒 DNA
导入感受态细胞

转化产物的培养

大肠杆菌感受态
细胞的制备与转化

转化产物
涂平板

(5)将上述菌液摇匀后取 100 μL 涂布于含相应抗生素的筛选平板上,正面向上放置 30 min,菌液完全被培养基吸收后倒置培养皿,37 ℃培养 12～16 h。同时做 2 组对照:

对照组 1(阴性对照):将步骤(2)中的对照管进行与上面相同的步骤。正常情况下在含抗生素的 LB 平板上应没有菌落出现。

对照组 2(阳性对照):将步骤(2)中的对照管在涂板时只取 5 μL 菌液涂布于不含抗生素的 LB 平板上。此组正常情况下应产生大量菌落。

离心的转化
产物涂平板

注:如果考虑到样品中成功转化的细胞可能较少,也可采用离心后涂平板的方法进行培养。将装有 800 μL 菌液的离心管置于离心机中(注意平衡),3500 r/min 离心 4 min,去除 700 μL 上清液,剩余液体轻轻吹打,将沉淀重悬,取全部菌液涂布于含相应抗生素的筛选平板上。

4. 计算转化率

统计每个培养皿中的菌落数。转化后在含抗生素的平板上长出的菌落即为转化子,根据此皿中的菌落数可计算出转化子总数和转化频率,公式如下:

转化子总数＝菌落数×稀释倍数×转化反应原液总体积/涂板菌液体积

转化频率(转化子数/1 mg 质粒 DNA)＝转化子总数/质粒 DNA 加入量

感受态细胞总数＝对照组 2 菌落数×稀释倍数×菌液总体积/涂板菌液体积

感受态细胞转化效率＝转化子总数/感受态细胞总数

【典型实验结果分析】

1. 理想实验结果(见图 13.1)

如果转化成功,由于质粒 DNA 上带有相应抗生素抗性基因,导致菌株可在含有相应抗生素的 LB 固体培养基上生长。

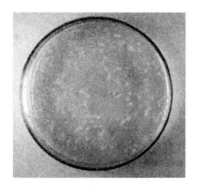

图 13.1　大肠杆菌质粒转化结果 1　　　　　　　**图 13.2　大肠杆菌质粒转化结果 2**

2. 典型实验结果(见图 13.2)

若转化不成功,则菌株不会在含有相应抗生素的 LB 固体培养基上生长。

【实验注意事项】

(1) 实验中所用的器皿均要灭菌,以防止杂菌和外源 DNA 的污染。实验过程中要注意无菌操作,溶液移取、分装等均应在无菌超净工作台上进行。

(2) 应收获对数生长期的细胞用于制备感受态细胞,OD_{600} 不应高于 0.6。

(3) 制备感受态细胞所用试剂(如 $CaCl_2$ 等)质量要好。

(4) 影响转化效率的因素包括 Ca^{2+} 的浓度,体系 pH 值,感受态细胞活力,DNA 的浓度、纯度及构象。超螺旋质粒 DNA 的转化效率最高,而线状 DNA 的转化效率很低。

(5) 转化实验必须在低温下进行,温度的波动会严重影响转化效率。所有的试剂和器皿应在冰上预冷,细菌的温度始终保持在 4 ℃以下。重悬操作动作要轻柔温和。

【实验讨论】

问题:感受态细胞制备时细胞数量多少合适?

答:为达到高效转化,活细胞的浓度务必小于 10^8 个细胞/mL,对于大多数大肠杆菌来说,这相当于 OD_{600} 值为 0.4 左右。一般经验,1 OD_{600} 约含有 10^9 个大肠杆菌/mL。为保证细菌培养物的生长密度不致过高,可每隔 15~20 min 测定 OD_{600} 值来监测,用监测的时间及 OD_{600} 值列 1 个图表,以便预测培养物的 OD_{600} 值达到 0.4 的时间,当 OD_{600} 值达到 0.35 时,收获细菌培养物。

【参考文献】

[1] 萨姆布鲁克 J,弗里奇 E F,曼尼阿蒂斯 T. 分子克隆实验指南. 2 版. 金冬雁,黎孟枫,译. 北京:科学出版社,1993.

实验 30　重组 DNA 的蓝白斑筛选

【实验目的】

(1) 掌握蓝白斑筛选的原理。
(2) 掌握蓝白斑筛选鉴定重组 DNA 的方法和操作步骤。

【实验原理】

蓝白斑筛选是重组子筛选的 1 种方法,是在抗生素筛选基础上的第 2 次筛选,是根据载体的遗传特征筛选重组子。基因工程使用的载体常带有 1 个大肠杆菌的 DNA 的短区段,其中有 β-半乳糖苷酶基因($lacZ$)的调控序列和前 146 个氨基酸的编码信息。在这个编码区中插入了 1 个多克隆位点,它并不破坏阅读框,但可使少数几个氨基酸插入 β-半乳糖苷酶的氨基端而不影响功能,这种载体适用于可编码 β-半乳糖苷酶 C 端部分序列的宿主细胞。因此,宿主和质粒编码的片段虽都没有酶活性,但它们同时存在时,可形成具有酶学活性的蛋白质。这样,$lacZ$ 基因在缺少近操纵基因区段的宿主细胞与带有完整近操纵基因区段的质粒之间实现了互补,称为 α-互补。由 α-互补而产生的 $LacZ^+$ 细菌在诱导剂异丙基-β-D-硫代半乳糖苷(IPTG)的作用下,在生色底物 X-gal 存在时产生蓝色菌落,因而易于识别。然而,当外源 DNA 插入质粒的多克隆位点后,会产生无 α-互补能力的氨基端片段,使得带有重组质粒的细菌形成白色菌落。

【实验材料、试剂及仪器】

1. 实验材料

实验 29 中转化后加入 800 μL LB 液体培养基,混匀后 37 ℃振荡培养 1 h 的大肠杆菌。

2. 实验试剂

(1) X-gal:将 X-gal 溶于二甲基甲酰胺,配成 20 mg/mL,不需过滤灭菌,分装成小包装,避光储存于 −20 ℃。

(2) IPTG:取 2 g IPTG 溶于 8 mL 双蒸水中,再用双蒸水补至 10 mL,用 0.22 μm 滤膜过滤除菌,每份 1 mL,储存于 −20 ℃。

(3) TE 缓冲液:10 mmol/L Tris-HCl (pH 8.0),1 mmol/L EDTA (pH 8.0),121 ℃高压灭菌 20 min,备用。

(4) 抗生素溶液:50 mg/mL 氨苄青霉素或 10 mg/mL 卡那霉素。

3. 实验仪器

超净工作台(每 8 人 1 台)	台式低温高速离心机(每 4 人 1 台)
恒温水浴锅(每 4 人 1 台)	锥形瓶、玻璃涂棒、培养皿(若干)
恒温摇床(全班 1 台)	1.5 mL 无菌离心管(若干)

20 μL、200 μL 无菌吸头(若干)　　　　　　20 μL、200 μL 微量移液器(每 2 人 1 套)

【实验步骤】

(1)待 LB 固体培养基冷却至 50 ℃,加入一定浓度的相应抗生素(pUCm-T 载体则加入 100 μg/mL 氨苄青霉素;pET28a 载体则加入 100 μg/mL 卡纳霉素),倒入培养皿,凝固后 4 ℃保存。

(2)在预制的含一定量抗生素的 LB 琼脂平板上,加 40 μL 20 mg/mL X-gal 和 4 μL 200 mg/mL IPTG 溶液,并用灭菌玻璃涂棒(酒精灯上烧后冷却)均匀涂布于琼脂凝胶表面。

(3)将适当体积(200 μL)已转化并培养的感受态细胞均匀涂在上面的培养皿上,将培养皿放置 37 ℃培养箱中 30 min,至液体被吸收。

(4)倒置培养皿于 37 ℃培养 12~16 h,至出现菌落,其中白色菌落为重组 DNA 质粒。

【实验注意事项】

(1)白色菌落中的重组质粒内插入片段是否是目的片段需通过鉴定。

(2)整个操作要注意避免外来 DNA 的污染。

(3)插入的 PCR 片段较短(小于 500 bp),且插入片段没有影响 lacZ 基因的阅读框时,平板培养基上出现的菌落有可能呈现蓝色。

(4)抗生素要在培养基冷却至 50~60 ℃时才添加,否则会引起抗生素失活。

(5)IPTG 和 X-gal 要涂均匀。

【典型实验结果分析】

理想实验结果(见图 13.3)

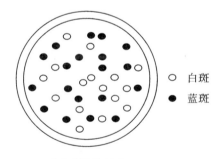

○ 白斑
● 蓝斑

蓝白斑筛选照片　　　　　　蓝白斑筛选示意

图 13.3　重组 DNA 的蓝白斑筛选结果及示意

经 12~16 h 培养后,培养皿上生长着很多白色菌落和蓝色菌落,白色菌落为 DNA 重组子,蓝色菌落为空载体。

【参考文献】

[1] 萨姆布鲁克 J,弗里奇 E F,曼尼阿蒂斯 T.分子克隆实验指南.2 版.金冬雁,黎孟枫,译.北京:科学出版社,1993.

第 14 章

外源基因的诱导表达

随着重组 DNA 技术的迅速发展,通过基因重组技术生产有价值的外源性蛋白质是当今生物技术研究与开发的热点之一。微生物、植物、动物都可以作为蛋白质的表达系统。外源基因可在不同的表达系统中表达,但表达过程不一样。

14.1 表达系统

表达系统是指基因工程中用来获得有功能的异源蛋白质体系,主要包括表达载体及宿主细胞。表达系统可分为原核表达系统和真核表达系统两大类,他们各有优缺点。不同表达系统所要求的表达载体和宿主细胞不同,1 个外源基因能否在宿主细胞中成功表达,取决于表达系统中基因表达的调控正确与否。

14.1.1 原核表达系统

在各种表达系统中,最早采用的是原核表达系统,这也是目前最为成熟的表达系统。原核表达系统常用大肠杆菌、芽孢杆菌、枯草杆菌、链霉菌表达系统等,其中大肠杆菌表达系统已被广泛应用。大肠杆菌是迄今为止研究得最为详尽的原核细胞,全基因组共有 4405 个开放阅读框,其中大部分基因的功能已被鉴定。大肠杆菌遗传图谱明确,繁殖迅速,易于培养,代谢容易控制,已广泛应用于分子生物学的各个研究领域。大肠杆菌对许多蛋白质有很强的耐受能力,能高水平地表达重组蛋白。

14.1.2 真核表达系统

由于原核表达系统缺乏真核基因的翻译后加工系统,对表达的真核蛋白不能进行正确的折叠和翻译后加工,虽然有一些真核基因在原核细胞成功表达,但大多数真核蛋白无法在原核宿主中获得有活性的表达。因而用真核细胞表达外源目的基因已成为现代分子生物学研究的重要内容之一。目前真核表达系统根据受体细胞及表达载体的不同分为 3 种:酵母表达系统、昆虫细胞表达系统、哺乳动物细胞表达系统。

　　酵母表达系统中,酵母是单细胞真核生物,易培养,遗传背景比较清楚,适宜做工程菌。酵母表达系统主要包括酿酒酵母、裂殖酵母、甲醇酵母等,其中甲醇酵母基因表达系统是1 种最近发展迅速的外源蛋白质生产系统,也是目前应用最广泛的酵母表达系统,主要有 *Hansenula polymorpha*、*Candida bodinii*、*Pichia pastoris* 3 种,其中 *Pichia pastoris* 应用最多。

　　昆虫杆状病毒表达系统是最常用的昆虫细胞表达系统。利用杆状病毒结构基因中多角体蛋白的强启动子构建的表达载体可使很多真核目的基因得到有效、高水平的表达,它具有真核表达系统的翻译后加工功能(如形成二硫键、糖基化及磷酸化等),使重组蛋白在结构和功能上更接近天然蛋白质。

　　哺乳动物细胞表达系统翻译后的加工修饰体系更完善,产生的外源蛋白在活性方面远胜于原核表达系统及酵母、昆虫细胞等真核表达系统。哺乳动物细胞表达载体包含原核序列、启动子、增强子、选择标记基因、终止子和多聚腺苷酸信号等。

14.2　表达载体

　　表达系统的核心是表达载体。表达载体(expression vector)是指一类按特殊要求设计构建的、具有调节外源基因正确表达的转录及翻译的调控信号,并能使克隆基因在转化的宿主细胞中得到高效表达的载体。除含有与一般克隆载体(cloning vector)相同的元件(如复制子、多克隆位点、筛选标记)之外,尚含有表达载体所需要的其他特殊元件,包括启动子、核糖体结合位点(SD 序列)、终止子等。

　　大肠杆菌表达载体根据其表达方式的不同可分为非融合型表达载体、融合型表达载体、分泌型表达载体、复合表达载体、表面展示表达载体、带分子伴侣的表达载体等。其中,非融合型表达载体主要有 pKK223-3,pBV220 载体等。融合型表达载体包括分泌表达载体(如 pEZZ18 表达载体)、带纯化标签的表达载体(如 pREST、GST 表达载体)、β-半乳糖苷酶转移系统(如 pGEX-6P-3 表达载体)、麦芽糖结合蛋白(MBP)系统(如 pMAL-p2X 载体)等。近年来,用于 T7 RNA 酶/启动子原核表达的复合质粒 pET 载体(如 pET-3Z)系列也得到了普遍应用。其他原核表达载体还有表面呈现表达载体、带分子伴侣的表达载体等。

　　酵母表达载体含有酵母的复制子、选择标记及其在酵母表达所需要的表达元件。目前构建的酵母质粒载体有 4 种:酵母整合型质粒、酵母复制型质粒、酵母附加体质粒和酵母着丝粒质粒。

　　杆状病毒表达系统通常以苜蓿银纹夜蛾核型多角体病毒(AcNPV)作为表达载体。

　　哺乳动物细胞表达载体有两大类:质粒型载体和病毒型载体。常见的哺乳动物表达质粒型载体有 pcDNA3.1 等。pcDNA3.1 是目前应用最多的真核表达质粒之一,由 Invitrogen 公司提供;病毒型载体主要有 SV40 病毒衍生载体、反转录病毒载体、腺病毒载体及痘苗病毒载体等。

14.3 外源基因诱导表达的优化

克隆到表达载体中的外源基因,有时得不到理想的表达,可从以下几个方面优化表达条件:

14.3.1 选择合适的强启动子

理想的启动子具有以下特性:第一,启动子的作用要强,表达基因的产物要占或超过菌体总蛋白的 10%～30%。第二,必须表现最低水平的基础转录活性。若要求大量的基因表达,最好选用高密度培养细胞和表现最低活性的可诱导和非抑制启动子。如果所表达的蛋白质具有毒性或限制宿主细胞的生长,则选用可抑制的启动子至关重要。第三,具有简便和廉价的可诱导性。常用的大量生产蛋白质的启动子是热诱导(如 λPL)和化学诱导(如 Ptrp)启动子。异丙基-β-D-硫代半乳糖苷(IPTG)诱导的杂合启动子 Ptac 或 Ptrc 都是强启动子,在基础研究中应用很广。但 IPTG 价格较贵且有毒,不能用于大规模制备外源蛋白。常见的原核强启动子有 Plac、Ptrp、Ptac、PL 和 PR。一般选择的启动子多为可控制表达型,如温度或化学剂等,在诱导前本底表达水平很低或不表达,仅在诱导后目的基因才能得到高效率的表达。

14.3.2 合适的 SD 序列与 SD-ATG 距离

SD 位点在翻译起始阶段与 16S rRNA 的 3'端互补。SD 与 ATG 起始密码子间的距离为 5～13 bp,这一距离影响翻译起始的效率。应避免此区的序列在 mRNA 转录物中出现二级结构,否则将会降低翻译起始的效率,因此 SD-ATG 的距离和碱基组成应处于适当范围内。

14.3.3 避免产物降解

避免产物降解,以分泌/融合表达形式表达目的蛋白,以提高表达蛋白的稳定性和产量。

14.3.4 选择合适的宿主菌

某些特殊的启动子需要特殊的宿主菌,如 pET-3α 载体需要大肠杆菌 BL21(DE3)宿主菌,Lac 启动子需要 Lac I 菌等。因此,应选择合适的宿主菌。

14.3.5 使用宿主偏爱的遗传密码子

一般来讲,含有较高稀有密码子的外源基因在原核表达载体中的表达效率往往不高,可将外源基因的稀有密码子改为大肠杆菌偏爱的密码子,以提高目的蛋白的表达量。

实验 31　外源基因在大肠杆菌中的诱导表达

【实验目的】

（1）了解外源基因在原核细胞中表达的特点。

（2）掌握异丙基硫代-β-D-半乳糖（IPTG）诱导外源基因表达的过程与操作步骤。

【实验原理】

将外源基因克隆在含有 *Lac* 启动子的表达载体中，让其在 *E.coli* 中表达。先让宿主菌生长，Lac Ⅰ产生的阻遏蛋白与 *Lac* 操纵基因结合，从而不能进行外源基因的转录及表达，此时宿主菌正常生长。然后向培养基中加入 *Lac* 操纵子的诱导物 IPTG，阻遏蛋白不能与操纵基因结合，则 DNA 外源基因大量转录并高效表达。表达蛋白可做 SDS-PAGE 检测（参照实验 33）或 Western 杂交鉴定（参照实验 21）。

【实验材料、试剂及仪器】

1. 实验材料

含外源基因质粒 pET28a-V 的表达菌株 BL21(DE3)或其他含外源基因的表达载体的宿主菌。

2. 实验试剂

（1）LB 液体培养基：10 g 细菌培养用胰蛋白胨（tryptone），5 g 细菌培养用酵母抽提物（yeast extract），10 g NaCl，溶于 800 mL 水中，加热溶解后，用 10 mol/L NaOH 调节 pH 值至 7.0，121 ℃高压灭菌 20 min，备用。

（2）50 mg/mL 氨苄青霉素溶液：1 g 氨苄青霉素溶于 200 mL 水中，用 0.22 μm 滤膜过滤除菌，分装至小管中，－20 ℃储存。

（3）卡那霉素（Kan）溶液：用无菌水配制成 50 mg/mL 溶液，－20 ℃保存。

（4）IPTG 溶液：在 8 mL 蒸馏水中溶解 2 g IPTG 后，用蒸馏水定溶至 10 mL，用 0.22 μm 滤器过滤除菌，分装成 1 mL 每份，－20 ℃保存。

3. 实验仪器

高速离心机（每 4 人 1 台）　　　　微量移液器（每 2 人 1 套）
恒温摇床（全班 1 台）　　　　　　1.5 mL 离心管（若干）
－20 ℃冰箱（全班 1 台）　　　　　超净工作台（每 8 人 1 台）
恒温水浴锅（每 4 人 1 台）　　　　超净工作台上的相关器皿：平底锥形
高压灭菌锅（全班 1 台）　　　　　瓶（100 mL）、培养皿、接种针等
电子天平（每 8 人 1 台）　　　　　SDS-PAGE 装置（每 4 人 1 套）
各种规格吸头（若干）

【实验步骤】

(1) 对照菌和含有重组表达质粒的宿主菌株挑取单菌落(由实验 29 获得),划单克隆平板,37 ℃培养 12～16 h。

(2) 挑取单克隆接种入 5 mL 含一定量的相应抗生素(50 μg/mL)的 LB 液体培养基中,37 ℃、230 r/min 培养 12～16 h。

(3) 取 50 μL 培养液接种入含一定量的相应抗生素的 LB 液体培养基中 37 ℃培养 2 h 以上,至菌生长至对数中期(OD_{550}=0.3～0.5)。

(4) 吸出 1 mL 未经诱导的培养物放在 1 个微量离心管中,按下面步骤(6)所述进行处理。

(5) 在剩余培养物中加入 IPTG 至终浓度 1 mmol/L,37 ℃继续培养。

(6) 在诱导的不同时间(如 1、2、4 和 6 h)取 1 mL 样品放于微量离心管中,测定 OD_{550},4 ℃、高速离心 1 min,收集菌体－20 ℃保存备用。

(7) 进行 SDS-聚丙烯酰胺凝胶电泳检测(参照实验 3、32)。

【典型实验结果分析】

理想实验结果(见图 14.1)

含有外源基因的重组质粒的菌株经 IPTG 诱导后表达出目的蛋白片段,而不含重组质粒的菌株则不表达该蛋白条带。

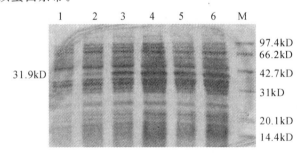

图 14.1　大肠杆菌外源基因表达蛋白的 SDS-PAGE 结果

1:诱导前;2～6:诱导 0.5 h、1.0 h、1.5 h、2.0 h、2.5 h 的表达蛋白;M:蛋白质分子大小标准参照物

【实验注意事项】

(1)实验前必须查阅有关书籍和资料,写出可行的实验步骤,了解有关数据、试剂、灭菌等的细则后方可开始实验。

(2)IPTG 的浓度对表达水平影响非常大。实验中,应在 0.01～5.0 mmol/L 范围内改变 IPTG 浓度,寻找最佳浓度。

(3)生长温度是影响在大肠杆菌获得高水平表达的最重要因素,通过实验确定最佳温度是表达外源蛋白的关键。

(4)外源基因不能带有间隔序列(内含子),因而必须用 cDNA 或化学合成的基因,不能用基因组 DNA。

【实验讨论】

问题 1：大肠杆菌表达载体的结构有何特点？

答：复制子、筛选标志、启动子、终止子和核糖体结合位点是构成表达载体的基本元件。理想的大肠杆菌表达载体需要具有以下特征：①具有稳定的遗传和复制能力；②具有筛选标记，用于重组体的筛选；③基因转录可调控，受抑制时本底转录水平较低；④具有多克隆酶切位点，便于外源基因的插入；⑤转录能在适当位置终止，转录过程不能影响表达载体的复制。

问题 2：外源基因在大肠杆菌中高效表达易形成包涵体。包涵体的形成有利于表达产物的纯化，但产生大量不具有生物活性的产物。如何减少包涵体的形成？

答：解决方案有：①采用胰胨–磷酸盐培养基能够限制包涵体的形成。②培养液中加入甜菜碱和山梨醇来改变渗透压，使表达产物由包涵体形式转变为活性状态，将温度从 37 ℃降低到 25 ℃时诱导表达，可降低包涵体的形成。③选用 pMBI 衍生而来的载体质粒。因为其可以协同表达 DnaK-DnaJ 或 GroEL-GroES，增加凝结蛋白的溶解度。分子伴侣折叠作用效率与细胞 DnaK-DnaJ 和 GroEL-GroES 的浓度有关。

【参考文献】

[1] 萨姆布鲁克 J，弗里奇 E F，曼尼阿蒂斯 T. 分子克隆实验指南. 2 版. 金冬雁，黎孟枫，译. 北京：科学出版社，1993.

实验 32　蛋白质的 SDS-聚丙烯酰胺凝胶电泳

【实验目的】

(1) 掌握 SDS-PAGE 分离蛋白质的原理。
(2) 掌握用 SDS-PAGE 检测蛋白质的方法及操作过程。

【实验原理】

SDS-聚丙烯酰胺凝胶电泳（SDS-PAGE）是在聚丙烯酰胺凝胶系统中引进 SDS（十二烷基磺酸钠）。1967 年，Shapiro 等人首先发现，如果在聚丙烯酰胺凝胶电泳系统中加入一定量的 SDS，则蛋白质分子的电泳迁移率主要取决于蛋白质的相对分子质量大小。

SDS 是 1 种阴离子型去垢剂，带负电荷。因此，蛋白质在含有强还原剂的 SDS 溶液中与 SDS 分子结合时，可形成 SDS-蛋白质复合物。这种复合物由于结合大量带负电荷的 SDS，好比蛋白质穿上带负电的"外衣"，使蛋白质本身带有的电荷被掩盖，起到消除各蛋白质分子之间自身的电荷差异的作用，因此在电泳时，蛋白质分子的迁移速度则主要取决于蛋白质分子大小，从而达到分离目的蛋白的目的。同时，SDS-PAGE 可以测定蛋白质的相对分子质量。当蛋白质的相对分子质量在 15000～200000 时,样品的迁移率与其相对分子质量的对数呈线性关系,符合以下方程式:

$$\lg M_r = -b \times mR + K$$

式中:M_r 为蛋白质的相对分子质量;

mR 为相对迁移率;

b 为斜率;

K 为截距。当条件一定时,b 与 K 均为常数。

因此,通过已知相对分子质量的蛋白与未知蛋白的迁移率比较,就可以得出未知蛋白的相对分子质量。

【实验材料、试剂及仪器】

1.实验材料

实验 31 获得的经不同时间诱导的大肠杆菌。

2.实验试剂

(1)30%丙烯酰胺溶液:丙烯酰胺 29 g,N,N'-亚甲基双丙烯酰胺 1 g,溶于 60 mL 水中,加热至 37 ℃溶解,定容到 100 mL,用 0.45 μm 滤膜过滤,室温避光保存。

(2)分离胶缓冲液:1.5 mol/L Tris-HCl (pH 8.8)。称取 Tris 36.3 g,溶于 200 mL 蒸馏水中,用浓盐酸调 pH 至 8.8。

(3)浓缩胶缓冲液:1.0 mol/L Tris-HCl (pH 6.8)。称取 Tris 12.1 g,溶于 200 mL 蒸馏水中,用浓盐酸调 pH 至 6.8。

(4)10%过硫酸铵溶液:过硫酸铵 1 g 加蒸馏水水定容到 10 mL,4 ℃下可储存 1 周,但最好现配现用。

(5)四甲基乙二胺(TEMED)。

(6)10%(m/V) SDS 溶液:称取 10 g SDS 于 100 mL 蒸馏水中,微热使其溶解。储存液保存于室温,用前微热,使 SDS 完全溶解。

(7)5×Tris-glycine 电泳缓冲液:称取 Tris 15.1 g,甘氨酸 94 g,10% SDS 50 mL,加蒸馏水定容至 1000 mL。

(8)1 mol/L DTT 溶液:20 mL 0.01 mol/L 乙酸钠溶液(pH 5.2)中溶解 3.09 g 二硫苏糖醇(dithiothreitol,DDT),过滤除菌后分装成 1 mL 每份,-20 ℃储存。

(9)2×SDS 凝胶上样缓冲液:100 mmol/L Tris-HCl(pH 6.8),200 mmol/L DTT(不含 DTT 的凝胶加样缓冲液 800 μL＋1 mol/L DTT 200 μL。DTT 现用现加。),4% SDS,0.2%溴酚蓝,20%甘油。

(10)染色液:称取考马斯亮蓝 R 250 0.25 g,溶于 90 mL 蒸馏水中,加甲醇 90 mL,再加入冰乙酸 10 mL,搅拌使之充分溶解,必要时滤去颗粒状物质。

(11)脱色液:甲醇/冰乙酸/水($V:V:V=3:1:6$)。

(12)蛋白质分子大小标准参照物。

3.实验仪器

SDS-PAGE 装置(每 4 人 1 套)　　　　　微量移液器(每 2 人 1 套)

高速离心机(每 4 人 1 台)　　　　　高压灭菌锅(全班 1 台)

恒温摇床(全班 1 台)　　　　　　　电子天平(每 8 人 1 台)

−20 ℃冰箱(全班 1 台)　　　　　　1.5 mL 离心管(若干)

恒温水浴锅(每 4 人 1 台)　　　　　各种规格吸头(若干)

【实验步骤】

1. SDS-聚丙烯酰胺凝胶的灌制

(1)根据说明书安装玻璃板。

(2)按表 14.1 所示配制 10%分离胶溶液。

表 14.1　SDS-聚丙烯酰胺凝胶电泳 10%分离胶溶液配制

分离胶的体积/mL	5	10	15	20	25	30
蒸馏水/mL	1.9	4	5.9	7.9	9.9	11.9
30%丙烯酰胺溶液/mL	1.7	3.3	5	6.7	8.3	10
分离胶缓冲液/mL	1.3	2.5	3.8	5	6.3	7.5
10% SDS 溶液/mL	0.05	0.1	0.15	0.2	0.25	0.3
10%过硫酸铵溶液/mL	0.05	0.1	0.15	0.2	0.25	0.3
TEMED/mL	0.002	0.004	0.006	0.008	0.01	0.012

(3)迅速在两玻璃板的间隙中灌注 10%分离胶溶液,留出灌浓缩胶所需空间(梳子齿长 ＋1 cm),覆一层重蒸水(覆盖水层可防止因氧气扩散进入凝胶而抑制聚合反应),将凝胶垂 直放于室温下,20～40 min 胶即聚合。

(4)倒出覆盖水层,用去离子水洗涤凝胶顶部数次以除去未聚合的丙烯酰胺后,尽可能 排去凝胶上的液体,最后用滤纸条吸净残留液体。

(5)按表 14.2 所示配制 5%浓缩胶(本实验配制 2～3 mL 即可)。

表 14.2　SDS-聚丙烯酰胺凝胶电泳 5%浓缩胶溶液配制

浓缩胶的体积/mL	1	2	3	4	5	6
蒸馏水/mL	0.68	1.4	2.1	2.7	3.4	4.1
30%丙烯酰胺溶液/mL	0.17	0.33	0.5	0.67	0.83	1
浓缩胶缓冲液/mL	0.13	0.25	0.38	0.5	0.63	0.75
10% SDS 溶液/mL	0.01	0.02	0.03	0.04	0.05	0.06
10%过硫酸铵溶液/mL	0.01	0.02	0.03	0.04	0.05	0.06
TEMED/mL	0.001	0.002	0.003	0.004	0.005	0.006

(6)由于加入 TEMED 后浓缩胶马上开始聚合,故应在已聚合的分离胶上直接灌注浓 缩胶,然后立即在浓缩胶中插入干净的梳子,此时应小心避免混入气泡,再加入浓缩胶以充 满梳子之间的空隙,待浓缩胶凝聚(约 30 min)后,拔除梳子。用去离子水洗涤梳子数次以 除去未聚合的丙烯酰胺,并用滤纸条吸干残留液体。

2.样品的制备及电泳

(1)将 1.5 mL 细菌培养液经 10000 r/min 离心 2 min,收集菌体,存于−20 ℃冰箱中备用。将储存的菌沉淀样品+5 μL 蒸馏水+5 μL 2×SDS 凝胶上样缓冲液在 1 个离心管中混合,100 ℃加热 5 min 后,取出冷却至室温,12000 r/min 离心 1 min,取上清液。

(2)装好电泳系统,加入电泳缓冲液,上样 8 μL。

(3)将电泳装置与电源连接,在凝胶上加 8 V/cm 电压,待染料前沿进入分离胶后将电压提高到 15 V/cm 继续电泳,直至溴酚蓝达到分离胶的底部。电泳过程需 80～150 min。

(4)卸下胶板,剥离胶放入染色液中,室温染色过夜。加入脱色液,置于 80 r/min 脱色摇床上,每 20 min 更换 1 次脱色液至完全脱净。

(5)将脱色后的凝胶照相或干燥,也可用塑料袋密封在 20％甘油水溶液中长期保存。

【实验注意事项】

(1)实验组与对照组所加总蛋白含量要相等。

(2)为达到较好的凝胶聚合效果,缓冲液的 pH 值要准确,10％AP 在一周内使用。室温较低时,TEMED 的量可加倍。

(3)未聚合的丙烯酰胺和亚甲基双丙烯酰胺具有神经毒性,可通过皮肤和呼吸道吸收,应注意防护。

(4)在"实验步骤"1 中(2)、(4)配制溶液时,一旦加入 TEMED,胶马上开始聚合,故应立即快速旋动混合物并进入下一步操作。

【典型实验结果分析】

理想实验结果(见图 14.2,泳道 3、4)

含有外源基因的重组质粒的菌株经 IPTG 诱导后表达出目的蛋白片段。而不含重组质粒的菌株则不表达该蛋白片段。

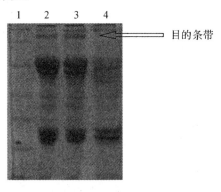

图 14.2 大肠杆菌外源基因表达蛋白的 SDS-PAGE 结果
1:蛋白质分子大小标准参照物;2～3:表达蛋白样品;4:空白对照

【参考文献】

[1] 杨安钢,刘新平,药立波.生物化学与分子生物学实验技术.北京:高等教育出版社,2008.
[2] 梁宋平.生物化学与分子生物学实验教程.北京:高等教育出版社,2002.

［3］郭勇. 现代生化技术. 广州：华南理工大学出版社，2001.

［4］Boyer R F. Modern Experimental Biochemistry. Boston：Addison-Wesley Publishing Company Inc，2000.

［5］Hanahan D，Jessee J，Bloom F R. Plasmid transformation of *E. coli* and other bacteria. Methods in Enzymology，1991，204：63 - 113.

第 15 章

基因文库的构建

利用 DNA 重组技术,将 cDNA 分子或经特定内切酶切割后的 DNA 片段随机地连接到载体上,再将重组载体转移到合适的宿主细胞中,通过细胞增殖形成各个片段的无性繁殖系,这批无性繁殖系的总称即为基因文库(gene library)。根据材料的不同,基因文库可分为基因组文库(genomic library)和 cDNA 文库(cDNA library)2 种:基因组文库是含有某种生物体或细胞器的全部基因片段的重组 DNA 克隆群体;cDNA 文库是包含特定组织、特定发育阶段或特定环境条件下全部 mRNA 信息的克隆群体。

15.1　基因文库的构建方法

15.1.1　基因组文库的构建

基因组文库的构建包括基因组 DNA 的提取、DNA 片段的制备、载体的选择、片段与合适载体的连接、重组载体导入宿主细胞、文库的保存及筛选等步骤。基因组 DNA 的提取可采用 CTAB、SDS 或试剂盒等方法,DNA 的高纯度和完整性是构建理想基因组文库的保证。基因组文库常用的载体有 λ 噬菌体、黏粒和 YAC 等,可根据需要选择合适的载体系统。DNA 片段的制备可用机械法或限制性内切酶进行切割,以获得一定大小的 DNA 片段。重组载体的导入可采用 $CaCl_2$ 法或电击法,也可以利用 λ 噬菌体包装蛋白包装后进行转导。

基因组文库的构建流程见图 15.1。

基因组 DNA 的提取 —机械切割/或酶切→ DNA 片段 载体 }连接酶→ 重组载体 —电转化/或 $CaCl_2$ 转化→ 导入宿主细胞 → 基因组文库

图 15.1　基因组文库构建流程

15.1.2　cDNA 文库的构建

cDNA 文库则只含有特定组织、特定发育阶段表达的基因,具有组织特异性、发育阶段性等特点。cDNA 文库在目的基因的克隆、新功能基因的发现等方面有着重要作用。

cDNA文库的构建包括 mRNA 的提取与纯化、cDNA 第一链的合成、cDNA 第二链的合成、重组载体的构建、宿主菌的培养和文库的筛选等步骤。构建 cDNA 文库常用的载体有 λ 噬菌体和质粒,可根据需要加以选择。

　　传统的 cDNA 文库构建用 oligo(dT)作为逆转录引物,或者采用随机引物,为 cDNA 加上适当的接头,并连接到合适的载体上,但经典的反转录酶 AMV 和 MMLV 无法合成较长的 cDNA,因此影响了文库的完整性。近年来,利用 SMART(switching mechanism at 5' end of the RNA transcript)技术,借助逆转录酶的末端转移酶活性,在合成第一链时,末端加上 CCC,使之与 SMART 寡核苷酸 3'端的 GGG 配对,保证了 cDNA 链的完整性。

　　cDNA 文库的构建流程见图 15.2。

mRNA 的提取与纯化 $\xrightarrow{\text{逆转录酶}}$ cDNA 第一链的合成 $\xrightarrow{\text{DNA 聚合酶 I}}$ cDNA 第二链的合成

载体

$\xrightarrow{\text{连接酶}}$ 重组载体 $\longrightarrow$ 导入宿主细胞 $\longrightarrow$ cDNA文库

图 15.2　cDNA 文库构建流程

15.2　基因文库的应用

15.2.1　基因克隆

　　利用同源克隆、抑制差减杂交、cDNA-AFLP 和基因芯片等技术获得的基因片段,经测序后设计 PCR 引物,就可以从基因组文库或 cDNA 文库中分离得到基因片段或全长序列。与基因组文库相比,由于 cDNA 是由 mRNA 逆转录而来,已经过剪切和拼接,排除了内含子的影响,使基因分离更为简单、直接。cDNA 文库已成为农作物、牲畜、人类重要功能基因克隆的主要方法和途径。

15.2.2　遗传多样性研究

　　基因文库可用于遗传多样性的研究,目前在微生物群落多样性方面得到了广泛应用。从土壤样品、肠道、污水中直接分离微生物总 DNA,利用通用引物扩增 16S rRNA,然后建立基因文库,经分型、测序后进行多样性分析。

15.2.3　功能基因组学研究

　　cDNA 文库的基因常来自结构基因,仅代表某种生物的一小部分遗传信息。由于生物的不同器官、组织、细胞或者发育阶段所表达的基因不同,而且不同类型的 cDNA 分子数目不相同,故 cDNA 文库具有组织特异性、发育阶段特异性和不均匀性。因此,cDNA 文库在研究特定细胞基因组表达状态及基因功能鉴定方面具有特殊优势,目前已经广泛应用于个体发育、细胞分化、逆境反应和代谢分子机制等方面的研究。

实验 33　植物 cDNA 文库的构建

【实验目的】

(1) 了解植物 cDNA 文库构建的原理及方法。
(2) 熟练掌握使用 Trizol 法提取 RNA 的方法。
(3) 掌握借助 SMART 技术合成 cDNA,构建 cDNA 文库的方法及操作步骤。

【实验原理】

Trizol 试剂由苯酚和硫氰酸胍配制而成,用于快速抽提总 RNA,在匀浆和裂解过程中,能在破碎细胞、降解细胞其他成分的同时保证 RNA 的完整性。经氯仿抽提、离心分离后,用异丙醇沉淀水相中的 RNA。用 Trizol 法得到的 RNA 完整性好,污染少,经纯化后就可用于 Northern 杂交、RT-PCR、mRNA 分离和分子克隆等。

植物 mRNA 的 3' 末端带有 1 段 poly A,利用 SMART 技术,将带有 oligo(dG) 的 SMART 引物引入反应体系,在逆转录酶的作用下合成 cDNA,当到达 mRNA 的 5' 末端碰到真核 mRNA 的"帽子结构"时,SMART 引物的 oligo(dG) 与合成 cDNA 末端突出的几个 C 配对后形成 cDNA 的延伸模板,而逆转录酶就会自动转换模板,以 SMART 引物作为模板继续延伸 cDNA 单链直到引物的末端,结果得到一端含 oligo(dT) 起始引物序列,另一端含已知 SMART 引物序列的单链 cDNA,第一链的合成十分关键,第二链在第一链的基础上合成。cDNA 可用于基因克隆、cDNA 文库构建、基因表达等方面的实验或研究。

Sfi I 的识别序列为 GGCCNNNN↓NGGCC,由于该酶切位点在生物体中出现的频率极小,这样就可以大大减少 cDNA 被酶切的概率,以保证 cDNA 的完整性。在 cDNA 链合成时所用的 SMART 引物和 CDS 引物中均带有 1 个序列不同的 Sfi I 酶切位点,经酶切后得到两端不同的黏性末端,以定向插入特定的载体 λ pTriplEx2。λ pTriplEx2 载体结构见图 15.3。这

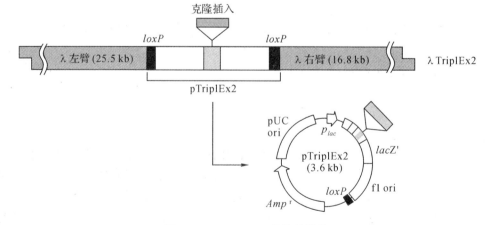

图 15.3　λ pTriplEx2 载体的图谱

样,经过 **SMART** 技术合成两端分别带有 **SMART** 引物和 CDS 引物的 cDNA 经过扩增后用 *Sfi*Ⅰ单酶切,得到具有 2 个不同黏性末端的 cDNA,用蛋白酶 K 处理 cDNA,除去其中的酶类,在连接酶的作用下,与载体 λ pTriplEx2 的两端连接形成重组载体。利用电转化法或 $CaCl_2$ 转化法将重组载体导入宿主细胞,在合适条件下培养即可得到 cDNA 文库。

【实验材料、试剂及仪器】

1. 实验材料

白菜花蕾,或其他植物材料;JM109 菌。

2. 实验试剂

(1)0.1% DEPC-H_2O:1000 mL 去离子水中加 1 mL 焦碳酸二乙酯(DEPC),室温静置 12 h,121 ℃高压灭菌 20 min 后备用。

(2)75% DEPC-乙醇:75 mL 无水乙醇与 25 mL DEPC-H_2O 混合。

(3)氯仿。

(4)异丙醇。

(5)10 mmol/L dNTP Mix:购自上海生工生物工程技术服务有限公司。

(6)*Taq* DNA 聚合酶:购自北京鼎国生物工程公司。

(7)Trizol 试剂盒:购自北京鼎国生物技术公司。

(8)λ pTriplEx2:购自 Clontech 公司。

(9)T4 DNA 连接酶(含 10×ligation buffer):购自北京鼎国生物工程公司。

(10)10%甘油。

(11)20 mmol/L DTT 溶液:0.6 g 二硫苏糖醇(DTT)溶于 200 mL ddH_2O中,分装成小份后于-20 ℃保存。

(12)10 mmol/L ATP 溶液:60 mg 三磷酸腺苷(ATP)溶于 8 mL ddH_2O 中,用 NaOH 调节 pH 值至 7.0,定容到 10 mL,分装成小份后于-20 ℃保存。

(13)蛋白酶 K。

(14)3 mol/L NaAc 溶液。

(15)20 mg/mL 糖原。

(16)95%乙醇。

(17)80%乙醇。

(18)50 mg/L AMP 溶液:称取 2.5 g 氨苄青霉素(AMP)置于 50 mL 离心管中,加入 40 mL 无菌水,充分混合溶解之后定容至 50 mL,然后在超净工作台上用 0.22 μm 滤膜过滤除菌,分装成小份后置于-20 ℃保存。

(19)80 mg/mL X-gal 溶液:溶解 80 mg 5-溴-4-氯-3-吲哚-β-D-半乳糖苷(X-gal)于 1 mL 的二甲基甲酰胺中,分装成小份后用铝箔纸包裹,储存于-20 ℃。

(20)20 mmol/L IPTG 溶液:称取 2 g 异丙基硫代-β-D-半乳糖苷(IPTG)溶于 8 mL 无菌水,定容至 10 mL,用 0.22 μm 滤膜过滤除菌,分装成 1 mL 每份后于-20 ℃保存。

(21)*Sfi*Ⅰ内切酶:购自上海生工生物工程技术服务有限公司。

(22)牛血清白蛋白(BSA):购自上海生工生物工程技术服务有限公司。

（23）琼脂糖。

（24）SMART™ PCR cDNA Synthesis Kit（cDNA 合成试剂盒）：购自 Clontech 公司（Cat. No. 634902）。试剂盒中包含 BD SMART Ⅱ™ A Oligonucleotide（寡核苷酸，序列是 5'-AAGCAGTGGTATCAACGCAGAGTACGCGGG-3'）、3' BD SMART™ CDS Primer Ⅱ A［3'端引物 Ⅱ A，序列是 5'-AAGCAGTGGTATCAACGCAGAGTACT（30）VN-3'］、BD PowerScript™ Reverse Transcriptase（反转录酶）、5×First-Strand Buffer（第一链缓冲液）、5' PCR Primer Ⅱ A（5'端引物，序列是 5'-AAGCAGTGGTATCAACGCAGAGT-3'）、50×dNTP Mix（dNTP 混合溶液）、Dithiothreitol（二硫苏糖醇）、50×BD Advantage™ 2 Polymerase Mix（第二链聚合酶）、10×BD Advantage™ 2 PCR Buffer（第二链 PCR 缓冲液）、Deionized H$_2$O（ddH$_2$O）。

（25）甲醛。

（26）甲酰胺。

（27）DNA 凝胶回收试剂盒：购自上海生工生物工程技术服务有限公司。

（28）琼脂粉。

（29）NaCl。

（30）酵母提取物。

（31）蛋白胨。

（32）10×Taq 酶配套缓冲液。

（33）10 mg/mL EB 溶液：0.1 g 溴化乙锭固体，溶于 10 mL 去离子水中。

3. 实验仪器

高压灭菌锅（全班 1 台）	水平电泳槽（每 6 人 1 台）
BIO-RAD 电转化仪（全班 1 台）	研钵（每 6 人 1 只）
0.2 cm 电转化杯（每 6 人 1 只）	20 μL、200 μL 无菌吸头（若干）
恒温摇床（全班 1 台）	0.5 mL、1.5 mL 无菌离心管（每人 2 支）
恒温干燥箱（全班 1 台）	移液器（每 6 人 1 套）
PCR 热循环仪（全班 1 台）	吸水纸（每 6 人 1 卷）
电泳仪（每 6 人 1 台）	液氮（全班 1 罐）

【实验步骤】

1. 总 RNA 的提取

（1）取 100 mg 材料在液氮中研磨成粉末，转入 1.5 mL 离心管中，加入 1 mL Trizol 试剂充分摇匀，室温放置 5 min。

（2）加入 0.2 mL 氯仿，剧烈摇动 15 s 后，4 ℃、12000 r/min 离心 10 min，将上清液转入干净的离心管。

（3）加入等体积的异丙醇，室温放置 10 min 后，4 ℃、12000 r/min 离心 15 min，弃上清液。

（4）沉淀中加入 1 mL 75% DEPC-乙醇，混合均匀，于 4 ℃、8000 r/min 离心 5 min，弃去上清液。重复 2 次。

（5）RNA 沉淀在室温下干燥 5～10 min。最后用 40 μL DEPC-H$_2$O 溶解，RNA 的质量

和产量用分光光度计测定,并记录数据;取 10 μL 样品进行 RNA 甲醛变性胶电泳检测。RNA 于 -75 ℃保存备用。

附:RNA 甲醛变性胶电泳检测

①称取 0.5 g 琼脂糖,加入 5 mL 10×TAE 缓冲液和 36 mL 0.1% DEPC-H_2O,在微波炉中熔化后冷却至 50~60 ℃时加 5 μL 10 mg/mL EB 溶液,再加入 9 mL 甲醛,放置一段时间后铺制胶板。

②样品处理:3 μL RNA 与 4 μL 5×甲醛凝胶电泳缓冲液、3.5 μL 甲醛、10 μL 甲酰胺混合,加入无菌离心管中混合,95 ℃水浴变性 2 min,放入冰中冷却。

③加 2 μL 加样缓冲液。

④3~4 V/cm 电泳,紫外灯下观察、拍照和记录。

2. cDNA 的合成

(1)cDNA 第一链的合成

①0.5 mL 离心管中依次加入:

总 RNA	1 μg
3' BD SMART CDS Primer Ⅱ A(12 μmol/L)	1 μL
BD SMART Ⅱ™ A Oligonucleotide(12 μmol/L)	1 μL
加 ddH_2O 至	5 μL

②混合样品,短暂离心后,72 ℃水浴 2 min,再短暂离心,收集样品。

③0.5 mL 离心管中依次加入:

5× First-Strand Buffer	2 μL
Dithiothreitol(20 mmol/L)	1 μL
50×dNTP Mix(每种浓度 10 mmol/L)	1 μL
BD PowerScript™ Reverse Transcriptase	1 μL

④混合样品,短暂离心后,42 ℃水浴 1 h,再 72 ℃水浴 7 min,于 -80 ℃保存备用。

(2)cDNA 第二链的合成

①预热 PCR 仪至 95 ℃。

②0.5 mL 离心管中依次加入:

cDNA 第一链	2 μL
10×BD Advantage™ 2 PCR Buffer	10 μL
50×dNTP Mix(每种浓度 10 mmol/L)	2 μL
5' PCR Primer Ⅱ A(12 μmol/L)	2 μL
50×BD Advantage™ 2 Polymerase Mix	2 μL
ddH_2O	80 μL

③混合样品,短暂离心后收集样品,将 0.5 mL 离心管置于预热好的 PCR 仪上。

④PCR 反应程序如下:

$$95\ ℃\ 1\ min\ (预变性) \longrightarrow 95\ ℃\ 15\ s,\ 65\ ℃\ 5\ s,\ 68\ ℃\ 6\ min$$

$$15\ 个循环$$

PCR 产物即双链 cDNA,保存于 4 ℃ 备用。

3. 蛋白酶 K 处理和 Sfi Ⅰ酶切

(1)取 100 μL 双链 cDNA,加 2 μL 蛋白酶 K,混合后于 45 ℃ 消化 30 min。

(2)加 100 μL 的 ddH$_2$O,混匀。

(3)加 200 μL 等体积的酚/氯仿,充分混合后,10000 g 离心 5 min,取上层水相至新的 1.5 mL 离心管。

(4)加 200 μL 酚/氯仿抽提,取上层水相。

(5)加 20 μL 3 mol/L NaAc,3.0 μL 20 mg/mL 糖原,500 μL 95％乙醇,混匀后10000 g 离心 20 min,弃上清液。

(6)加 500 μL 80％乙醇洗涤 2 次,吹干沉淀。

(7)加 100 μL ddH$_2$O 溶解,于 −20 ℃ 备用。

(8)0.5 mL 离心管中依次加入:

经蛋白酶 K 处理的双链 cDNA	39 μL
10×Sfi Ⅰ buffer	5 μL
100×BSA	1 μL
Sfi Ⅰ内切酶	5 μL

(9)混匀后短暂离心,50 ℃ 酶切 2 h,于 −20 ℃ 备用。

4. 双链 cDNA 的分离与纯化

不同大小片段的 cDNA 与载体的连接效率不同,因此在连接之前需要对 cDNA 进行分级。本实验用琼脂糖电泳方法进行分离,样品在 1％的琼脂糖凝胶上电泳后,用洁净的刀片割取 400～1000 bp、1000～3000 bp、3000～5000 bp 和 5000～10000 bp 处的胶块。分级 cDNA 的纯化可用 DNA 凝胶回收试剂盒完成,具体步骤如下:

(1)称重胶块,加 3 倍体积的溶液Ⅰ,颠倒混匀。

(2)将胶转移到 DNA 纯化柱内,室温放置 1 min 后,16000 g 离心 1 min,倒弃收集管内的液体。

(3)在 DNA 纯化柱内加入 700 μL 溶液Ⅱ,室温放置 1 min 后,16000 g 离心 1 min,洗去杂质,倒弃收集管内的液体。

(4)加入 500 μL 溶液Ⅱ,1600 g 离心 1 min,进一步洗去杂质,倒弃收集管内的液体,16000 g 离心 1 min,除去残留液体并让残留的乙醇充分挥发。

(5)将 DNA 纯化柱置于 1.5 mL 离心管上,加入 50 μL 溶液Ⅲ至管内柱面上,室温放置 5 min 后,16000 g 离心 1 min,所得液体即为高纯度 cDNA。

5. 电转化感受态细胞的制备

(1)挑取 JM109 单菌落置于 50 mL 的 LB 液体培养基中,37 ℃、200 r/min 培养 12 h。

(2)转移 1 mL 过夜培养物至 500 mL LB 培养基,37 ℃、200 r/min 培养 3～5 h 至 OD$_{600}$＝0.5～0.7,将培养瓶置于冰上冷却,4 ℃、5000 g 离心 15 min,弃上清液。

(3)加 5 mL 冰冷的无菌 ddH$_2$O 悬浮细胞,4 ℃、5000 g 离心 15 min,弃上清液。

(4)重复步骤(3)。

(5)加 20 mL 无菌冰冷的 10％甘油悬浮细胞。

(6)重复步骤(3)。

(7)加 3 mL 10%甘油悬浮细胞,分装,每个 1.5 mL 离心管装 100 μL 细胞,于－80 ℃保存备用。

6. cDNA 与载体的连接

(1)0.5 mL 离心管中依次加入:

cDNA(100 ng/μL)	1 μL
λ pTriplEx2(500 ng/μL)	1 μL
10×ligation buffer	0.5 μL
ATP(10 mmol/L)	0.5 μL
T$_4$ DNA 连接酶(3 U/μL)	0.5 μL
ddH$_2$O	1.5 μL

(2)16 ℃中连接过夜(可在 PCR 仪中进行)。

(3)连接完成后,在 65 ℃下灭活 10 min。置于 4 ℃保存,或者直接用于后续操作。

7. 电转化

电转化

(1)取 2 μL 连接产物,加入步骤 5 中制备的感受态细胞,冰上放置 5 min后,吸入预冷的电击杯中,静置 5 min。

(2)电击 4~5 ms(参数为 2.5 kV,25 μF,200 Ω)。

(3)加入 1 mL LB 培养基,37 ℃、200 r/min 培养 1 h 以复苏细胞。

(4)取 100 μL 涂布在加有 AMP(50 mg/L)的平板上,37 ℃培养 12 h 左右。

8. 插入片段大小和重组率的估算(分组操作,每组 10 个菌斑)

(1)随机取 100 个菌斑进行 PCR 检测,以 SP6(5'-CATACGATTTAGGTGACAC-TATAG-3')和 T7(5'-CGCCCTATAGTGAGTCGTATTA-3')为引物对,反应体系如下:

ddH$_2$O	16.1 μL
10×Taq 配套缓冲液	2.0 μL
50×dNTP Mix(10 mmol/L)	0.4 μL
SP6 引物(20 μmol/L)	0.5 μL
T7 引物(20 μmol/L)	0.5 μL
Taq DNA 聚合酶(2 U/μL)	0.5 μL

(2)将菌斑用枪头挑入上述体系,混匀后短暂离心。

(3)进行 PCR,PCR 反应程序如下:

95 ℃ 5 min(预变性) ⟶ 95 ℃ 30 s, 57.8 ℃ 45 s, 72 ℃ 3 min ⟶ 72 ℃ 10 min

30 个循环

(4)PCR 产物在 1.2%的琼脂糖凝胶上电泳、拍照、记录,与其他实验组合并数据,计算重组率和估计片段大小。

【实验注意事项】

制备 RNA 所用的离心管、枪头等用 0.1% DEPC-H$_2$O 于 121 ℃浸泡 40 min。RNA 用

0.1% DEPC-H$_2$O 溶解,室温过夜,高压灭菌处理。分装氯仿、异丙醇、DEPC-H$_2$O 等的玻璃器皿均在 180 ℃烘烤 2 h 以上。

【典型实验结果分析】

1.RNA 甲醛变性胶电泳结果(见图 15.4)

28S rRNA、18S rRNA 和 5S rRNA 3 条条带清晰,带形整齐,无降解,RNA 质量好。如果条带弥散一片,说明 RNA 降解严重,不能用于文库构建。

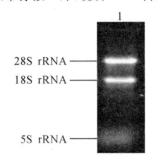

图 15.4　RNA 甲醛变性胶电泳结果

1:总 RNA

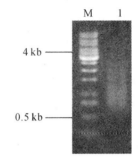

图 15.5　双链 cDNA 琼脂糖凝胶电泳结果

M:DNA 分子大小标准参照物;1:双链 cDNA

2.双链 cDNA 琼脂糖凝胶电泳结果(见图 15.5)

cDNA 条带呈弥散状,主要分布在 0.5 ～4 kb,cDNA 合成质量较好,可用于后续操作。

3.克隆的 PCR 检测结果(见图 15.6)

随机挑选的 10 个菌斑中,其中 7 个扩增出单一条带,为阳性克隆,另有 3 个没有条带,为假阳性。

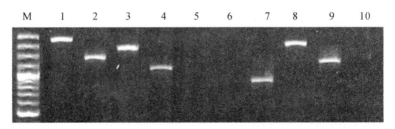

图 15.6　克隆的 PCR 检测结果

M:DNA 分子大小标准参照物;1～10:克隆的 PCR 产物

【参考文献】

[1] Zhu Y Y,Machleder E M,Chenchik A,et al. Reverse transcriptase template switching:a SMART approach for full-length cDNA library construction. Biotechniques,2001,30(4):892 - 897.

[2] Oh J H,Kim Y S,Kim N S. An improved method for constructing a full-length enriched cDNA library using small amounts of total RNA as a starting material. Experimental and Molecular Medicine, 2003,35(6):586 - 590.

附　　录

常用试剂母液配制

溶液	配制方法	说明
1 mol/L Tris-HCl 溶液(pH 8.0)	121.1 g Tris 碱溶于 800 mL 去离子水中,搅拌溶解,加入浓 HCl 调节 pH 值至 8.0,加水定容至 1 L,分装后 121 ℃高压灭菌 20 min,4 ℃冰箱储存	可适当加热加速溶解,但要等溶液冷却至室温后方可调定 pH 值,约需 42 mL 浓 HCl
0.5 mol/L EDTA 溶液(pH 8.0)	186.1 g EDTA-2Na·2H$_2$O 溶于 800 mL 去离子水中,剧烈搅拌,用 NaOH 粉末调节 pH 值至 8.0,加水定容至 1 L,分装后 121 ℃高压灭菌 20 min,4 ℃冰箱储存	只有当 pH 值接近 8.0,EDTA-2Na·2H$_2$O 才会完全溶解,约需 20 g NaOH
5×TBE 缓冲液	54 g Tris 碱,27.5 g 硼酸,4.6 g EDTA-2Na 溶于去离子水中,定容至 1000 mL,室温储存	电泳时 10 倍稀释至 0.5×使用
50×TAE 缓冲液	242 g Tris 碱,57.1 mL 冰醋酸,100 mL 0.5 mol/L EDTA (pH 8.0),溶于去离子水中,定容至 1000 mL,室温储存	电泳时 50 倍稀释至 1×使用
10 mg/mL RNase A 溶液	将 1 g RNase A 溶于 100 mL 缓冲液中 [10 mmol/L Tris-HCl (pH 7.5),15 mmol/L NaCl],沸水煮 15 min 后,缓慢冷却至室温,分装成小份,−20 ℃储存	